阵列电磁波全域流动成像测井方法与应用

魏 勇 陈 强 陈 猛 著

石油工业出版社

内 容 提 要

本书通过理论分析、数值模拟和相关实验，对基于传输线上高频信号相移检测持水率的方法进行了深入、细致和较为全面的研究，重点在于设计发明了特殊传输线持水率传感器，研制阵列式传输线信号相移检测持水率仪器，并针对温度、矿化度对检测结果的影响提出了相应的校正方法，开发了水平井测井资料处理解释软件，取得了有重要价值的成果。

本书适合致力于生产井多相流流动成像测井方法研究与仪器研制的工程师和学者，以及高等院校相关专业师生参考使用。

图书在版编目（CIP）数据

阵列电磁波全域流动成像测井方法与应用 / 魏勇，陈强，陈猛著 . — 北京：石油工业出版社，2022.10
ISBN 978-7-5183-5632-4

Ⅰ.①阵… Ⅱ.①魏… ②陈… ③陈… Ⅲ.①电磁波 – 成像测井 Ⅳ.①P631.8

中国版本图书馆 CIP 数据核字（2022）第 181247 号

出版发行：石油工业出版社
（北京安定门外安华里 2 区 1 号　100011）
网　　址：www.petropub.com
编辑部：（010）64523736
图书营销中心：（010）64523633
经　　销：全国新华书店
印　　刷：北京中石油彩色印刷有限责任公司

2022 年 10 月第 1 版　2022 年 10 月第 1 次印刷
787×1092 毫米　开本：1/16　印张：6.75
字数：140 千字

定价：60.00 元

前　言

为了提高致密油气藏油气的采收率，目前国内外油田越来越多地采用水平井开采技术。在水平井中，如果同时存在两相或三相流体时，其流动机理和相之间的关系将变得十分复杂，而井斜角及其变化会进一步增强这种复杂性，导致油气井生产动态监测非常困难。常规的生产测井工具所获取的测井数据不足以准确估算出沿一个水平剖面的相态分布变化，无法定量评价井下流体流动状态。因此，对于水平井产液的动态监测，流动成像测井技术就成为一个亟待解决的技术难题。

鉴于目前井内被测多相流体介质空间分布形态复杂、随时间不断变化的特点，对流动成像测井技术提出了三点基本要求，即探测阵列化、全域高分辨和动态实时性。它与地面流动成像的不同之处在于：地面测量仪器不受体积大小限制，而井下测量仪器只能放置于井筒内，井筒的直径限制了下井仪器的尺寸和传感器的尺寸；地面流动测量环境通常为常温、常压，流体的性质也相对理想，而井下流动成像测井环境为高温、高压，流体的矿化度也会发生变化。因此井下流动成像测井技术比地面多相管流成像测量的技术难度更大，导致很多在地面应用的流动成像技术无法应用于井下流体动态的检测。

为此，国内外针对井下阵列流动成像测井技术展开了一系列研究工作，取得了相应的成果。国外最具代表性的是斯伦贝谢公司的流动成像测井仪和 Sondex 公司的 MAPS 的阵列式组合成像测井仪，其原理分别是基于流体电容和电导的电参数测量方法。但电容法只适用于持水率低于 50% 的流体检测，而电导法仅适用于持水率高于 50% 的流体检测，且易受矿化度影响，测量误差大。

自 20 世纪 90 年代以来，国内相关高校和科研单位开始了相关研究工作，主要集中在技术方面和检测方法的研究。一类是跟踪国外技术，开展基于电导法和电容法的流体持水率的方法和仪器研究；另一类是自主性研究，寻找一种全程段流体持水率检测方法，最具代表性的是中国石油大学（北京）吴锡令等提出的波导法、中国石油新疆油田公司彭原平等提出的传输线微波法和东北石油大学王进旗等提出同轴传输线相位检测法。尽管同轴传输线相位检测法实现了单探头持水率测井仪，但由于同轴传输线传感器无法实现小型化，且对于分层流而言同轴传输线传感器在垂直状态和倾斜状态、水平状态传输特性存在差异，无法用于水平井阵列化流体持水率检测。

当前国内井下流动成像技术的基本现状是：第一，国内外还没有全程段、阵列化的井下产液流动成像技术和仪器；第二，国内具有自主知识产权的水平井阵列流动成像测井仪器仍在研发阶段，还没有相应的处理解释软件；第三，在我国水平井生产动态测井中，过去10年来已投入数亿元资金，依靠引进国外测井技术，以及阵列流动成像测井仪器和处理解释软件，解决国内水平井动态检测的生产需求。尽管如此，由于国外仪器采用电容式或电阻式组合的测量方法，测量精度不高，仍然不能满足我国水平井的生产测井需求。

因此，针对我国油气水平井生产状态，研究全程域持水率的检测方法，设计新型小型化传感器，研制阵列化的井下流动成像仪器，开发水平井流动成像处理解释软件，满足我国水平井开发测井的工程需求，具有非常重大的战略意义。

过去10年来，笔者科研团队与中国石油集团测井有限公司测井技术研究院、西南石油大学开展技术合作，创新性地提出了基于共面微带传输线、锥形螺旋传输线上混合波模式电磁波信号相移检测井下流体持水率的方法，设计研制了国内首套水平井阵列电磁波持水率测井仪器，建立了生产测井优化解释全局寻优进化算法模型，设计研发了国内首套具有完全自主知识产权的基于阵列成像测井资料的水平井产出剖面解释软件系统，取得了有重要价值的成果。研究工作可概括为如下几方面。

（1）根据油水混合流体的持水率与混合介质介电常数的关系，从信号与系统的角度研究了传输线中信号的传输特性，建立了在有损模式下传输线上的信号为混合波时始端激发信号与终端接收信号的传输模型，并通过数值模拟和实验研究表明：当被测流体介质作为传输线导体间的填充介质时，传输线上的信号幅度与流体的持水率呈非单调关系，而其相移与持水率呈单调递增关系，通过理论分析和实验验证说明了基于传输线信号相移测量持水率的可行性和基于其信号幅度测量持水率的不可行性，明确地解释了有关文献中关于使用传输线法测量持水率时，信号幅度信息不可用的原因。

（2）针对持水率检测的关键部件——传感器开展了深入细致的研究，考虑到不同的应用，设计了同轴传输线传感器、共面微带线传感器、柱状螺旋线传感器和锥形螺旋线传感器四种不同结构的传感器。通过相关实验验证了传感器的检测性能，为垂直井单支集流式持水率检测和大斜度井、水平井阵列持水率检测提供了不同的解决方案。其中，共面微带传输线传感器、柱状螺旋线传感器和锥形螺旋传输线传感器是首次提出的三种新型结构的持水率传感器，解决了阵列持水率检测中传感器小型化的关键技术难题。

（3）针对目前国内高含水、大斜度井的测井需求，拟定了仪器的基本技术指标，采用两路高频信号相对另一频率相近的高频信号差频测相的原理，扩大了绝对相移对应的时延，提高了相移测量的准确性。在此基础上，提出了仪器的总体设计方案，研制开发了阵列持水率检测仪器样机。

（4）考虑工程实际中影响持水率检测的主要因素，通过数值模拟和实验，分析研究了温度、矿化度对传输线上信号衰减和相移的影响规律，提出了基于BP神经网络的温度、矿化度校正和持水率反演模型，提高了传输线相移持水率传感器在不同温度和矿化度环境下的测量准确度。

（5）仪器的灵敏度测试表明，仪器能够反映 1% 的持水率变化差异，完全满足工程检测的实际需求；通道一致性测试说明各传感器和检测电路具有较好的一致性，能够准确地反映持水率的变化，且具有较一致的动态范围。

（6）三相流标定实验说明，在水平井中，仪器能够准确地指示油水的分界面，最大测量误差为 3.6%；油田实际井实验结果表明，仪器在井下工作正常，性能稳定，实测结果与采油厂提供的结果吻合。

（7）阵列持率资料可以采取多种方法进行成像处理，其中分段线性插值成像法更适合平滑层流；高斯径向基函数成像法更适合波状层流；克里金成像法更适合间断流；多元线性回归成像法更适合雾状流。研制的阵列电磁波持水率成像处理模块实现了井筒介质分布的二维、三维成像，能快速直观地显示井筒中的流体介质分布。

本书即为上述科研成果的总结。在本书的编写过程中，得到了长江大学、中国石油集团测井有限公司测井技术研究院和西南石油大学许多专家学者的大力支持，在此一并表示衷心地感谢！

限于笔者水平，书中难免存在不足之处，敬请各位读者批评指正！

目 录

1 持水率流动成像测井的技术难点

油水两相流持水率在线检测属于非均匀介质动态检测，对测量的实时性和分辨率要求较高，一直是国内外地球物理测井界研究的热点问题。与地面常温常压的测量环境不同，油井内测量是将仪器通过油套环空或油管狭小的空间下放到数千米深处，在井内高温高压环境中对流体进行测量。因此，若要实现井下阵列式油水两相流持水率检测，需要解决以下三个方面的问题。

（1）寻求一种全程段有效的持水率检测方法。目前现有的、能够用于井下持水率在线检测的方法主要采用电容法和电导法。一般认为，电容法适用于含水率低于 50% 的井况，而电导法适用于含水率高于 50% 的井况，其原因是：①就电容法而言，电容器的电容 C 与被测油水介质的等效介电常数 ε_x 成正比，而检测电路的输出量电压 U 或频率 f 是 C 的倒数，即 U 或 f 与 ε_x 成反比。因此，当含水率较低时，ε_x 也较小，U 对 ε_x 的变化非常敏感，仪器能够获得较高的分辨率，但随着含水率的升高，ε_x 逐渐增大，U 对 ε_x 的变化不再敏感，这就是电容法在高含水率时失去分辨率的原因之一；导致电容法失效的另外一个原因是矿化度的影响，实际上矿化度引起的电阻的变化可以视为在电容器的两端并联一个电阻，矿化度越高，电阻越小，传导电流所占的比例就越大，油水介电常数作用所引起的位移电流相对就越小，仪器分辨率就下降。②对于电导法来说，它主要测量油水的电导率，其检测方法本身依赖于水相的连通，在低含水率时，水泡被油相隔断，无法形成连续相，测量方法失效。综上所述，目前现有的测量方法不能满足实际生产的需求，亟待寻找一种方法，实现全程段的测量。

（2）设计一种小型结构的传感器。受过油管下井工艺条件的限制，在收拢状态下仪器的直径被限制在 43mm 内，这就对传感器的结构提出了新的要求：在仪器外径一定的条件下，阵列传感器的尺寸决定可装配传感器的数量。如果传感器的数量越多，则其单支传感器尺寸必定越小。传感器的数量对测量的实时性和空间分辨率都有影响：传感器数量越多，能够探测截面的空间分辨率就越高；而传感器的数量过多，数据采集和处理的时间也会增加，实时性就会降低。因此为了兼顾这两方面的要求，一般传感器数量为 12 支左右。考虑到仪器的最大外径，每种传感器的外径不宜超过 8mm，同时兼顾仪器的纵向分辨率，传感器的有效长度不宜超过 80mm。

（3）减小和补偿地下水矿化度的影响。地下水中的矿物质是以氯化钠为主的可溶性盐类，其相对介电常数在 7.5 左右，而原油的相对介电常数为 2.3，水的相对介电常数为 80

1

（20℃时）。地层水矿化度的存在主要带来两方面的影响：一是改变了井下混合流体的相对介电常数，二是改变了流体的电导率。这就意味着不论采用哪一种持水率检测方法，只要是基于油水间介电常数或者油水间电导率差异的基本原理，其测量结果都会受到矿化度的影响。因此，找到一种完全不受矿化度影响的基于电学参数的持水率检测方法是不现实的。总之，问题归结为寻找一种减小矿化度影响的基于电学参数的持水率检测方法，即便矿化度影响存在，它对测量结果的影响也是单调一致的，这样就可以在已知或测量矿化度的条件下对结果进行补偿校正。

（4）水平井由于井身结构的特殊性，流体由于重力分异作用会形成更为复杂多变的流型特征，现阶段的成像处理技术是基于斯伦贝谢公司的线性结构的仪器（FSI），处理结果往往只适用于层状流动。但由于水平井流型的复杂性，单一的成像算法往往很难取得可靠的效果，这成为水平井成像处理的一大难点。为此，对水平井实际流型特征进行提取，针对不同流型的主要特征分别设计了相应的成像算法。研究表明，分段线性算法适用于平滑层流成像，高斯径向基函数算法适用于波状层流成像，克里金算法适用于段塞流成像，多元回归算法适用于雾（乳）状流成像。综合运用多种成像算法可使成像处理获得较好的效果，保证处理结果的真实性。

（5）由于水平井流动的复杂性，其流体表征参数较多，影响因素较多，常规的处理模型很难得到较好的解释结果。针对此问题，结合最优化理论，提出了水平井产出剖面最优化解释方法。为了提高解释结果的准确性，最优化解释采用了智能计算技术，并提出了一种新的全局寻优进化算法（KFC-MSBPSO）。该算法具有较强的全局寻优能力，可以稳定地搜索到全局最优解，同时也解决了常规进化算法收敛速度慢，收敛精度低等问题，从而提高了产出剖面解释结果的可靠性。

2 基于传输线信号相移检测持水率的基本原理

本章简要阐述了井下油水混合流体的持水率与其介电常数的关系，分析了传输线中信号的传播特性，建立了传输线在始端稳幅激励和终端负载恒定条件下的信号传输函数，完善了在混合波模式下传输线上信号传输模型，从理论和实验两方面论证了基于传输线上信号相移检测介电常数，进而测量油水两相流持水率方法的可行性，为后续探测器和仪器设计奠定了理论基础。

2.1 油水混合流体持水率与介电常数的关系

持水率是油水流动时水的截面占油井截面总面积的比例，常用 Y_w 表示；含水率指单位时间内流过断面的两相总流量中水相所占的份额，能直接反映生产层位产油和产水的实际情况，常用 C_w 表示。在油田实际生产中，由于无法直接测量含水率，通常通过测量持水率、综合流速和流型等信息计算获得含水率。

当持水率不同时，油水混合物的介电常数会发生明显变化。根据油水分布的状况，其油水混合介质等效相对介电常数 ε_m 可近似为

$$\varepsilon_m^a = Y_w \varepsilon_w^a + (1 - Y_w) \varepsilon_o^a \tag{2-1}$$

式中　ε_o——原油的相对介电常数；

　　　ε_w——地层水的相对介电常数；

　　　Y_w——油水混合介质的持水率；

　　　a——油水状态分布系数，取值范围 [-1，+1]。

当 $a=0$ 时，表示油和水均匀混合；当 $a=1$ 时，表示油和水按同轴层状分布；当 $a=-1$ 时，表示油和水按水平同轴层状分布。

式（2-1）可变换为 $Y_w = (\varepsilon_m^a - \varepsilon_o^a) / (\varepsilon_w^a - \varepsilon_o^a)$。对于 $a=0$ 的情况，满足洛必达法则，因此，对该式求极限，有

$$\lim_{a \to 0} Y_w = \frac{\varepsilon_m^a \ln \varepsilon_m - \varepsilon_o^a \ln \varepsilon_o}{\varepsilon_w^a \ln \varepsilon_w - \varepsilon_o^a \ln \varepsilon_o} = \frac{\ln \varepsilon_m - \ln \varepsilon_o}{\ln \varepsilon_w - \ln \varepsilon_o} \tag{2-2}$$

如图 2-1 所示，持水率与相对介电常数都是单调递增的关系。如果已知油水混合介质介电常数，便可求的油水两相的持水率情况。当 a 取 1、0.5、0、-0.5、-1 时，将式（2-1）进行变换，可解得持水率测量方程：

$$Y_w = \begin{cases} (\varepsilon_m - \varepsilon_o)/(\varepsilon_w - \varepsilon_o) & a = 1 \\ (\sqrt{\varepsilon_m} - \sqrt{\varepsilon_o})/(\sqrt{\varepsilon_w} - \sqrt{\varepsilon_o}) & a = 0.5 \\ (\ln\varepsilon_m - \ln\varepsilon_o)/(\ln\varepsilon_w - \ln\varepsilon_o) & a = 0 \\ [\sqrt{\varepsilon_w}(\sqrt{\varepsilon_m} - \sqrt{\varepsilon_o})]/[\sqrt{\varepsilon_m}(\sqrt{\varepsilon_w} - \sqrt{\varepsilon_o})] & a = -0.5 \\ (\varepsilon_w - \varepsilon_o\varepsilon_w/\varepsilon_m)/(\varepsilon_w - \varepsilon_o) & a = -1 \end{cases} \quad (2\text{-}3)$$

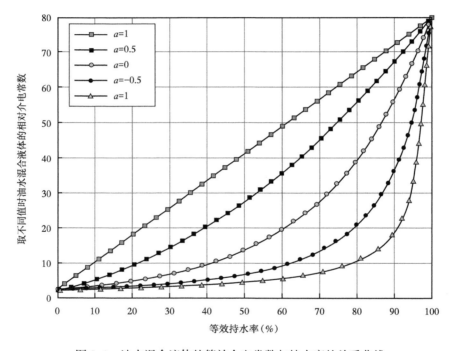

图 2-1　油水混合流体的等效介电常数与持水率的关系曲线

基于式（2-3），持水率与油水混合介质的相对介电常数具有单调递增的关系，这就为通过相对介电常数来确定油井中油水两相的持水率提供了一种基本方法，即在已知油水的状态分布条件下，通过测量油水混合物的相对介电常数，可以计算出油水混合物的持水率。

2.2　传输线中信号的传播特性

根据电磁波传播理论，信号在传输线上的传播特性是由传输线导体的单位电阻和电感，以及传输线导体间介质的单位电容和电导所决定的。当传输线导体间的介质不同时，其介电常数和电导率会发生变化，从而会引起传输线的电学分布参数发生变化，进而会引起传输线传输信号特性的变化。如果当油水混合介质作为传输线导体间的填充介质时，介质的介电常数变化对传输线信号特性的影响具有单调性，就可以通过测量信号特性的变化获取介质的介电常数信息，进而估计油水混合物的持水率。基于上述思路，分析研究传输线间介质的介电常数与传输线中传输信号的关系。

在传送 TEM 波的条件下，传输线的等效电路如图 2-2 所示。如图 2-2（a）所示，其中无穷小长度 dz 的一段导线可以用图 2-2（b）中的一个集总参数电路模型来模拟。其中 Z_L 为负载阻抗，l 为传输线的长度。为了求出该模型输入电流、输入电压与输出电流、输出电压的关系，引入传输线的分布参数：分布电阻 R、分布电导 G、分布电感 L、分布电容 C，其中 R 为单位长度的电阻（Ω/m），与导线的材料及截面尺寸有关，理想导体的 $R=0$；G 为单位长度的电导（S/m），与导体周围媒质材料的介质损耗和传导损耗有关，理想介质的 $G=0$；L 为单位长度的电感（H/m），与导线截面尺寸、线间距及周围媒质的磁导率有关；C 为单位长度的电容（F/m），与导线截面尺寸、线间距及周围媒质的介电常数有关。

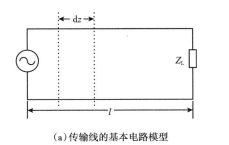 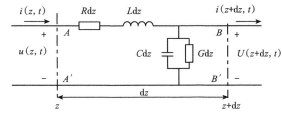

（a）传输线的基本电路模型　　　　　　　（b）微元dz的集总参数电路模型

图 2-2　传输线的等效电路模型

引入上述分布参数后，图 2-2（b）所示 dz 长度传输线集总的电阻、电感、电导、电容分别为 $R\mathrm{d}z$、$G\mathrm{d}z$、$L\mathrm{d}z$、$C\mathrm{d}z$。它们具有分压和分流作用，从而引起 dz 微元段始端和末端的电压电流变化。

设 dz 始端 z 位置 AA' 位置电压、电流分别为 $u(z,t)$、$i(z,t)$，末端 $z+$dz 位置 BB' 位置电压、电流分别为 $u(z+$dz$,t)$、$i(z+$dz$,t)$，则根据基尔霍夫电压、电流定律，有

$$\begin{cases} u(z,t) = R\mathrm{d}z \cdot i(z,t) + L\mathrm{d}z \cdot \dfrac{\partial i(z,t)}{\partial t} + u(z+\mathrm{d}z,t) \\ i(z,t) = G\mathrm{d}z \cdot u(z+\mathrm{d}z,t) + C\mathrm{d}z \cdot \dfrac{\partial u(z+\mathrm{d}z,t)}{\partial t} + i(z+\mathrm{d}z,t) \end{cases} \quad (2\text{-}4)$$

将式（2-4）两端同除以 dz，有

$$\begin{cases} \dfrac{u(z+\mathrm{d}z,t)-u(z,t)}{\mathrm{d}z}=-Ri(z,t)-L\dfrac{\partial i(z,t)}{\partial t} \\ \dfrac{i(z+\mathrm{d}z,t)-i(z,t)}{\mathrm{d}z}=-Gu(z+\mathrm{d}z,t)+C\dfrac{\partial u(z+\mathrm{d}z,t)}{\partial t} \end{cases}$$ （2-5）

令 dz→0，根据偏微分定义，有

$$\begin{cases} \dfrac{\partial u(z,t)}{\partial z}=-Ri(z,t)-L\dfrac{\partial i(z,t)}{\partial t} \\ \dfrac{\partial i(z,t)}{\partial z}=-Gu(z+\mathrm{d}z,t)+C\dfrac{\partial u(z+\mathrm{d}z,t)}{\partial t} \end{cases}$$ （2-6）

式（2-6）为瞬间电压、电流所满足的偏微分方程，称为时域传输线方程。

设电压、电流均随时间做简谐变化，具有正弦型向量形式，根据如下代换关系，可将式（2-6）时域方程转化为频域方程，代换关系有

$$\begin{cases} u(z,t)=\mathrm{Re}[U(z)\mathrm{e}^{\mathrm{j}\omega t}] \\ i(z,t)=\mathrm{Re}[I(z)\mathrm{e}^{\mathrm{j}\omega t}] \end{cases},\quad u(z,t)\rightarrow U(z)，i(z,t)\rightarrow I(z)，\dfrac{\partial}{\partial t}\rightarrow \mathrm{j}\omega，\dfrac{\partial}{\partial z}\rightarrow\dfrac{\mathrm{d}}{\mathrm{d}z}$$

式中 ω——角频率。

将上述各式代入式（2-6），可得：

$$\begin{cases} \dfrac{\mathrm{d}U(z)}{\mathrm{d}z}=-(R+\mathrm{j}\omega L)I(z)=-ZI(z) \\ \dfrac{\mathrm{d}I(z)}{\mathrm{d}z}=-(G+\mathrm{j}\omega C)U(z)=-YU(z) \end{cases}$$ （2-7）

式中 Z——传输线单位长度串联阻抗，$Z=R+\mathrm{j}\omega L$；

  Y——传输线单位长度并联导纳，$Y=G+\mathrm{j}\omega C$。

式（2-7）为频域传输线方程。由式（2-7）求解得到关于 $U(z)$ 和 $I(z)$ 的波动方程：

$$\begin{cases} \dfrac{\mathrm{d}^2U(z)}{\mathrm{d}z^2}=ZYU(z)=\gamma^2U(z) \\ \dfrac{\mathrm{d}^2I(z)}{\mathrm{d}z^2}=YZI(z)=\gamma^2I(z) \end{cases}$$ （2-8）

其中：
$$\gamma=\sqrt{(R+\mathrm{j}\omega L)(G+\mathrm{j}\omega C)}=\alpha+\mathrm{j}\beta$$

$$\alpha=\sqrt{\dfrac{1}{2}\left[\sqrt{(R^2+\omega^2L^2)(G^2+\omega^2C^2)}-(\omega^2LC-RG)\right]}$$ （2-9）

$$\beta=\sqrt{\dfrac{1}{2}\left[\sqrt{(R^2+\omega^2L^2)(G^2+\omega^2C^2)}+(\omega^2LC-RG)\right]}$$ （2-10）

式中　γ——传播常数；

　　　α——传输线单位长度上幅度衰减因子；

　　　β——传输线单位长度上相移因子。

微分方程（2-8）的通解为

$$U(z) = Ae^{\gamma z} + Be^{-\gamma z} \tag{2-11}$$

$$I(z) = \frac{1}{Z}\frac{dU(z)}{dz} = \frac{1}{Z_0}\left(Ae^{-\gamma z} - Be^{\gamma z}\right) \tag{2-12}$$

其中：

$$Z_0 = \sqrt{Z/Y} = \sqrt{(R + j\omega L)/(G + j\omega C)}$$

式中　Z_0——传输线的特性阻抗；

　　　A 和 B——待定常数，需要根据端口条件确定。

若已知终端（$z=0$）处电压 $U(0) = U_2$、电流 $I(0) = I_2$，则有 $A = \frac{1}{2}(U_2 + Z_0 I_2)$、$B = \frac{1}{2}(U_2 - Z_0 I_2)$。代入式（2-11）和式（2-12），有

$$U(z) = \frac{U_2 + I_2 Z_0}{2}e^{\gamma z} + \frac{U_2 - I_2 Z_0}{2}e^{-\gamma z} = U_2^+ e^{\gamma z} + U_2^- e^{-\gamma z} \tag{2-13}$$

$$I(z) = \frac{1}{Z_0}\left(U_2^+ e^{\gamma z} - U_2^- e^{-\gamma z}\right) \tag{2-14}$$

其中：

$$U_2^+ = (U_2 + I_2 Z_0)/2, \quad U_2^- = (U_2 - I_2 Z_0)/2$$

式（2-13）和式（2-14）分别为已知传输线终端电压和终端电流时线上任意一点的电压和电流的表达式。它们表明，传输线上电压和电流以波的形式存在，且由发射信号和反射信号两部分组成。如果定义传输线上某点 z 的反射信号电压 U^- 和发射信号电压 U^+ 之比为该点的反射系数 $\Gamma(z)$，则有

$$\Gamma(z) = \frac{U^-}{U^+} = \frac{(U_2 - Z_0 I_2)e^{-\gamma z}}{(U_2 + Z_0 I_2)e^{\gamma z}} = \Gamma_2 e^{-2\gamma z} \tag{2-15}$$

其中：

$$\Gamma_2 = \frac{U_2 - Z_0 I_2}{U_2 + Z_0 I_2} = \frac{Z_L - Z_0}{Z_L + Z_0} \tag{2-16}$$

式中　Γ_2——传输线的终端反射系数。

因此终端反射系数的不同，传输线上的信号有三种不同的传输模式，即行波模式、驻波模式和混合波模式。

（1）行波模式。

当终端阻抗匹配（$Z_L = Z_0$）时，$\Gamma_2 = 0$，传输线上无反射信号，只存在单向的发射信号，即传输线上信号以滑行波模式传输，线上任意一点的电压为 $U(z) = U_2 \mathrm{e}^{\gamma z}$，表现为由始端（信号源）向终端（负载）$z$ 的反方向传播的滑行波，其幅度按 $\mathrm{e}^{\alpha z}$ 因子衰减，相位按 βz 偏移。特别地，在 $\alpha = 0$ 的条件下，传输线为无损传输线，沿线各点的电压和电流振幅不变，相位按 βz 变化，沿线各点的输入阻抗均为特性阻抗。

（2）驻波模式。

当终端短路（$Z_L = 0$），终端开路（$Z_L = \infty$）或接纯电抗负载时，在传输线上的反射信号振幅与发射信号振幅相等，两者迭加在线上形成全驻波，不再具有行波的特性。当终端开路时，$Z_L = \infty$，$\Gamma_2 = 1$，线上的电压为 $U(z) = 2U_2^+ \cosh(\gamma z)$；当终端短路时，$Z_L = 0$，$\Gamma_2 = -1$，线上的电压为 $U(z) = 2U_2^+ \sinh(\gamma z)$。当传输线为无损（$\alpha = 0$）且全反射的条件下，传输线上各点的信号是由两个相向传播的行波信号迭加而成的，在传输线上作简谐振荡，电压和电流的振幅是位置 z 的函数，变化频率为 β，表现为相邻两波节之间的电压（或电流）同相，波节点两侧的电压（或电流）反相。

（3）混合波模式。

当终端负载阻抗不满足以上两种条件之一时，线上将同时存在发射信号和反射信号，两者的振幅不等，迭加后形成混合波模式，即：

$$U(z) = U_2^+ \mathrm{e}^{\gamma z} + U_2^- \mathrm{e}^{-\gamma z} = U_2^+ \mathrm{e}^{\gamma z} + \Gamma_2 U_2^+ \mathrm{e}^{-\gamma z} \qquad (2\text{-}17)$$

作如下变换：

$$
\begin{aligned}
U(z) &= U_2^+ \mathrm{e}^{\gamma z} + \Gamma_2 U_2^+ \mathrm{e}^{-\gamma z} \\
&= U_2^+ \mathrm{e}^{\gamma z} + \Gamma_2 U_2^+ \mathrm{e}^{\gamma z} + \Gamma_2 U_2^+ \mathrm{e}^{-\gamma z} - \Gamma_2 U_2^+ \mathrm{e}^{\gamma z} \\
&= (1 - \Gamma_2) U_2^+ \mathrm{e}^{\gamma z} + 2\Gamma_2 U_2^+ \cosh(\gamma z)
\end{aligned}
\qquad (2\text{-}18)
$$

特别是当传输线无损时，$\alpha = 0$，则式（2-18）变为

$$U(z) = (1 - \Gamma_2) U_2^+ \mathrm{e}^{\mathrm{j}\beta z} + 2\Gamma_2 U_2^+ \cos(\beta z) \qquad (2\text{-}19)$$

经过变换后传输线上 z 点的混合波电压仍由两部分组成，第一部分代表由始端（信号源）向终端（负载）传输的单向行波信号，即滑行波信号；第二部分代表为驻波信号。在混合波信号中行波信号与驻波信号的多少取决于反射系数的大小。

为了研究传输线在已知发射信号的情况下终端的信号特性，设已知发射端电压 $U(l) = U_1$，电流 $I(l) = I_1$，则式（2-11）和式（2-12）的 A 和 B 分别为

$$A = \frac{U_1 + I_1 Z_0}{2} \mathrm{e}^{-\gamma l}, \quad B = \frac{U_1 - I_1 Z_0}{2} \mathrm{e}^{\gamma l} \qquad (2\text{-}20)$$

代入式（2-11）和式（2-12），传输线上任意一点 z 上的电压与电流分别为

$$U(z) = \frac{U_1 + I_1 Z_0}{2} e^{-\gamma(l-z)} + \frac{U_1 - I_1 Z_0}{2} e^{\gamma(l-z)} \tag{2-21}$$

$$I(z) = \frac{1}{Z_0} \left[\frac{U_1 + I_1 Z_0}{2} e^{-\gamma(l-z)} - \frac{U_1 - I_1 Z_0}{2} e^{\gamma(l-z)} \right] \tag{2-22}$$

令 $U_1^+ = \dfrac{U_1 + I_1 Z_0}{2}$，$U_1^- = \dfrac{U_1 - I_1 Z_0}{2}$，则终端的电压（$z=0$）可表示为

$$U(0) = U_1^+ e^{-\gamma l} + U_1^- e^{\gamma l} \tag{2-23}$$

若已知反射系数 Γ_2，则式（2-3）可表示为

$$\begin{aligned} U(0) &= U_1^+ e^{-\gamma l} + \Gamma_2 U_1^+ e^{\gamma l} \\ &= U_1^+ \left(e^{-\gamma l} + \Gamma_2 e^{\gamma l} \right) \end{aligned} \tag{2-24}$$

式（2-24）是已知发射端电压，传输线终端的电压表达式。因此，终端电压与始端发射电压之比即为传输线的传递函数 $H(\mathrm{j}\omega)$：

$$\begin{aligned} H(\mathrm{j}\omega) &= \frac{U(0)}{U_1^+} = e^{-\gamma l} + \Gamma_2 e^{\gamma l} = e^{-(\alpha + \mathrm{j}\beta)l} + \Gamma_2 e^{(\alpha + \mathrm{j}\beta)l} \\ &= \cos(\beta l)\left(e^{-\alpha l} + \Gamma_2 e^{\alpha l} \right) + \mathrm{j}\sin(\beta l)\left(\Gamma_2 e^{\alpha l} - e^{-\alpha l} \right) \end{aligned} \tag{2-25}$$

式（2-25）可改写为

$$H(\mathrm{j}\omega) = \mathrm{Re}\left[H(\mathrm{j}\omega) \right] + \mathrm{j}\mathrm{Im}\left[H(\mathrm{j}\omega) \right] \tag{2-26}$$

其中：

$$\mathrm{Re}\left[H(\mathrm{j}\omega) \right] = \cos(\beta l)\left(\Gamma_2 e^{\alpha l} + e^{-\alpha l} \right)$$

$$\mathrm{Im}\left[H(\mathrm{j}\omega) \right] = \sin(\beta l)\left(\Gamma_2 e^{\alpha l} - e^{-\alpha l} \right)$$

式中　$\mathrm{Re}\left[H(\mathrm{j}\omega) \right]$ 和 $\mathrm{Im}\left[H(\mathrm{j}\omega) \right]$——分别为传递函数的实部和虚部。

假设传输线始端激励电压的幅度为 A，则传输线终端电压的幅度 A_{am} 为

$$\begin{aligned} A_{\mathrm{am}} &= \left| H(\mathrm{j}\omega) \right| A = A\sqrt{\mathrm{Re}^2\left[H(\mathrm{j}\omega) \right] + \mathrm{Im}^2\left[H(\mathrm{j}\omega) \right]} \\ &= A\sqrt{\cos^2(\beta l)\left(\Gamma_2 e^{\alpha l} + e^{-\alpha l} \right)^2 + \sin^2(\beta l)\left(\Gamma_2 e^{\alpha l} - e^{-\alpha l} \right)^2} \\ &= A\sqrt{\left(\Gamma_2 e^{\alpha l} + e^{-\alpha l} \right)^2 - 4\Gamma_2 \sin^2(\beta l)} \end{aligned} \tag{2-27}$$

信号在传输线发射端与终端上产生的相位偏移 φ 即为

$$\varphi = \arctan \frac{\operatorname{Im}\left[H(\mathrm{j}\omega)\right]}{\operatorname{Re}\left[H(\mathrm{j}\omega)\right]}$$
$$= \arctan \frac{\sin(\beta l)\left(\mathrm{e}^{-\alpha l} - \Gamma_2 \mathrm{e}^{\alpha l}\right)}{\cos(\beta l)\left(\mathrm{e}^{-\alpha l} + \Gamma_2 \mathrm{e}^{\alpha l}\right)} = \arctan\left[\tan(\beta l)\frac{\mathrm{e}^{-\alpha l} - \Gamma_2 \mathrm{e}^{\alpha l}}{\mathrm{e}^{-\alpha l} + \Gamma_2 \mathrm{e}^{\alpha l}}\right] \quad (2\text{-}28)$$

根据反射系数的定义，式（2-27）和式（2-28）可分别被改写为

$$A_{\mathrm{am}} = A\sqrt{\frac{(Z_{\mathrm{L}} - Z_0)^2 \mathrm{e}^{2\alpha l} + (Z_{\mathrm{L}} + Z_0)^2 \mathrm{e}^{-2\alpha l} + 2(Z_{\mathrm{L}}^2 - Z_0^2)\left[\cos^2(\beta l) - \sin^2(\beta l)\right]}{(Z_{\mathrm{L}} + Z_0)^2}} \quad (2\text{-}29)$$

$$\varphi = \arctan\left[\frac{(Z_{\mathrm{L}} - Z_0)\mathrm{e}^{\alpha l} - (Z_{\mathrm{L}} + Z_0)\mathrm{e}^{-\alpha l}}{(Z_{\mathrm{L}} - Z_0)\mathrm{e}^{\alpha l} + (Z_{\mathrm{L}} + Z_0)\mathrm{e}^{-\alpha l}}\tan(\beta l)\right] \quad (2\text{-}30)$$

式（2-29）和式（2-30）即为传输线在有损模式下，始端稳幅激励时终端信号幅度和相移的一般表达式。当传输线为无损传输线时，即传输线的 $R=0$、$G=0$、$\alpha=0$，式（2-29）和式（2-30）可分别简化为

$$A_{\mathrm{am}} = \frac{2A\sqrt{Z_{\mathrm{L}}^2\cos^2(\beta l) + Z_0^2\sin^2(\beta l)}}{Z_{\mathrm{L}} + Z_0} \quad (2\text{-}31)$$

$$\varphi = \arctan\left[\frac{Z_0}{Z_{\mathrm{L}}}\tan(\beta l)\right] = \sin^{-1}\frac{Z_0\sin(\beta l)}{\sqrt{Z_{\mathrm{L}}^2\cos^2(\beta l) + Z_0^2\sin^2(\beta l)}} \quad (2\text{-}32)$$

式（2-32）亦可改写为

$$\tan\varphi = \frac{Z_0}{Z_{\mathrm{L}}}\tan(\beta l) = \frac{Z_0}{Z_{\mathrm{L}}}\tan\left(l\omega\sqrt{LC}\right) = \frac{Z_0}{Z_{\mathrm{L}}}\tan\left(l\omega\sqrt{LK_{\mathrm{c}}\varepsilon_x}\right) \quad (2\text{-}33)$$

式中　L——传输线的等效电感；

C——传输线的等效电容；

ε_x——传输线导体间介质的介电常数；

K_{c}——C 与 ε_x 的比例系数。

若设传输线始端激励电压为 $U = A\sin(\omega t)$，则终端的电压可表示为

$$U(0) = A_{\mathrm{am}}\sin(\omega t - \varphi) \quad (2\text{-}34)$$

特别是当终端阻抗匹配时，$Z_{\mathrm{L}} = Z_0$，有 $\varphi = \beta l = l\omega\sqrt{LK_{\mathrm{c}}\varepsilon_x}$、$A_{\mathrm{am}} = A$，终端电压只包含滑行波电压。

综上所述，有如下结论：

（1）信号在传输线上的传输模式取决于负载阻抗与传输线特性阻抗。当二者相等时，传输线上只有滑行波信号；当负载开路、短路或为纯电抗负载时，产生终端反射形成驻波；在负载阻抗为其他值的情况下，传输线上的信号为由滑行波信号和全驻波信号组成的混合波信号。

（2）当传输线上信号为滑行波模式时，信号发生的相移由 β 确定，β 越大，信号在传输线上传输发生的相移越大。它与介质的电导率和介电常数有关。

（3）在无损情况下，当传输线上信号为驻波模式时，线上任意一点信号的相位与介质特性无关，但信号的振幅在空间变化频率为 β，与介质的介电常数直接相关。

（4）当传输线上信号为混合波模式时，其幅度衰减由 α 确定，α 越大，信号在传输线上衰减越大。它与介质的电导率和介电常数有关。

（5）在混合波模式下，当终端负载和传输线长度一定时，终端信号的幅度特性和相位特性是 α、β 和 Z_0 的函数。

2.3 基于传输线信号相移检测油水混合物介电常数的原理

基于 2.2 节的讨论，假设将被测的油水混合物作为传输线导体间的填充介质，其介电常数的变化会引起传输线上信号传输特性的改变。由于传输线特性阻抗是填充介质介电常数和电导率的函数，会随着介质特性的变化而变化，因此，当负载阻抗一定时，填充介质介电常数的变化会使传输线一般工作在混合波模式。如果能够证明在混合波模式下信号在传输线上的幅度或相移与传输线间介质的介电常数具有单调的关系，就为介电常数的检测提供了一种可行的方法。

由式（2-31）、式（2-32）可知，在无损条件下，传输线上信号的幅度、相移与 Z_0、β 有关的，而 Z_0、β 又与传输线的结构和传输线导体间介质的介电常数有关。因此，介质介电常数的变化会引起 Z_0 和 β 的变化，进而引起传输线上信号幅度和相移的变化。

对于油水混合介质而言，在理想条件下，油、水及其混合物的电导率为 0。图 2-3 为四种常用的传输线结构图，表 2-1 给出了当油水混合物在理想条件下作为填充介质时四种结构 Z_0、β 与其介电常数的关系。

表 2-1 四种结构传输线的特性阻抗和相移因子与填充介质介电常数的关系

参数	平行双导线	同轴传输线	微带线	共面微带线
Z_0	$\dfrac{a\cosh(D/d)\sqrt{u}}{\pi\sqrt{\varepsilon_0\varepsilon_r}}$	$\dfrac{\ln(b/a)\sqrt{u}}{2\pi\sqrt{\varepsilon_0\varepsilon_r}}$	$\dfrac{s\sqrt{u}}{w\sqrt{\varepsilon_0\varepsilon_r}}$	$\dfrac{30\pi k}{\sqrt{\varepsilon_0\varepsilon_{\text{eff}}}}$
β	$\omega\sqrt{u\varepsilon_0\varepsilon_r}$	$\omega\sqrt{u\varepsilon_0\varepsilon_r}$	$\omega\sqrt{u\varepsilon_0\varepsilon_r}$	$k\omega\sqrt{u\varepsilon_0\varepsilon_{\text{eff}}}$

注：u、ε_r 和 ε_0 分别为传输线导体周围介质的磁导率、相对介电常数和真空中的介电常数；ε_{eff} 为传输线的有效介电常数；D 和 d 分别为为平行双导线的间距和线径；b、a 分别为同轴线的外导体内半径和内导体半径；s、w 分别为微带线的基片厚度和导体宽度；k 为共面微带线的结构常数。

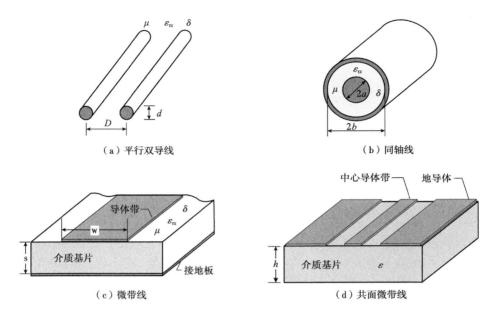

（a）平行双导线　　　　　　　　　　　（b）同轴线

（c）微带线　　　　　　　　　　　　（d）共面微带线

图 2-3　四种常用的传输线

从表 2-1 可见，在四种传输线中，传输线的特性阻抗与介电常数的平方根成反比，相移因子与介电常数的平方根成正比。因此，对于上述四种结构的传输线，其特性阻抗 Z_{0c} 和相移因子 β_c 有如下一般表达式：

$$Z_{0c} = C_z \big/ \sqrt{\varepsilon_{\text{eff}}} \qquad \beta_c = \omega C_\beta \sqrt{\varepsilon_{\text{eff}}} \qquad (2-35)$$

式中　C_z 和 C_β——常数，取决于传输线的结构。

当传输线结构为平行双导体传输线、同轴线和微带线时，$\varepsilon_{\text{eff}} = \varepsilon_r$；当传输线结构为共面微带线时，$\varepsilon_{\text{eff}} \propto \varepsilon_r$。将式（2-35）代入式（2-31）和式（2-32），有

$$A_{\text{am}} = \frac{2A}{C_z \big/ \sqrt{\varepsilon_{\text{eff}}} + Z_L} \sqrt{C_z^2 \sin^2\left(C_\beta \omega l \sqrt{\varepsilon_{\text{eff}}}\right) \big/ \varepsilon_{\text{eff}} + Z_L^2 \cos^2\left(C_\beta \omega l \sqrt{\varepsilon_{\text{eff}}}\right)} \qquad (2-36)$$

$$\varphi = \arcsin \frac{C_z \sin\left(C_\beta \omega l \sqrt{\varepsilon_{\text{eff}}}\right)}{\sqrt{C_z^2 \sin^2\left(C_\beta \omega l \sqrt{\varepsilon_{\text{eff}}}\right) + Z_L^2 \varepsilon_{\text{eff}} \cos^2\left(C_\beta \omega l \sqrt{\varepsilon_{\text{eff}}}\right)}} \qquad (2-37)$$

为了进一步分析传输线终端信号幅度、相移与介电常数的关系，进行了数字模拟。设某一传输线 $\varepsilon_{\text{eff}} = \varepsilon_r$，$C_z = 80$，$C_\beta = 33 \times 10^{-10} \text{Hz}^{-1}$，传输线始端激励电压幅度为 1V、频率为 80MHz，传输线分别取 21cm 和 32cm 两种长度。当 Z_L 取不同值时，通过式（2-36）和式（2-37）数值模拟电压幅度和相移与介电常数的关系。

图 2-4 是在上述条件下模拟计算出传输线终端电压幅度与介电常数的关系。图中曲线

表明，无论是哪一种传输线长度，还是哪一种传输线负载，电压幅度与介电常数的关系都不具有单调性，相同电压幅度可能产生于不同介电常数的介质条件。这种非单调性导致了根据测量的信号电压幅度反演求解持水率解的不确定性，因此基于传输线上信号的电压幅度特性检测介电常数的方法从理论上是不可行的。

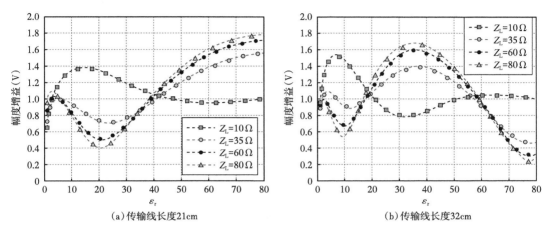

(a) 传输线长度21cm　　　　　　　　　(b) 传输线长度32cm

图 2-4　两种长度下不同负载阻抗时传输线终端电压幅度与相对介电常数的关系

图 2-5 是在上述相同条件情况下，数值模拟传输线终端信号相移与介电常数的关系。从图中曲线可见，传输线终端信号的相移与介质的相对介电常数呈单调递增的关系。因此，从理论上说，通过检测传输线终端信号相对于始端信号发生的相移来估计传输线周围介质的相对介电常数是可行的。

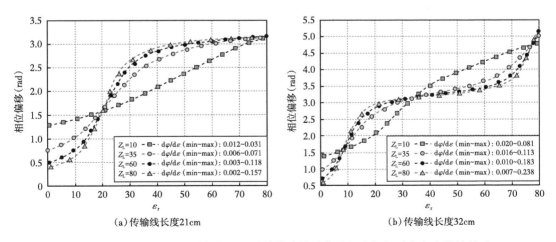

(a) 传输线长度21cm　　　　　　　　　(b) 传输线长度32cm

图 2-5　两种长度下不同负载阻抗时传输线终端信号相移与相对介电常数的关系

综上所述，传输线上传输的信号有三种传输模式，即行波、驻波和混合波，由传输线特性阻抗及其终端负载匹配的情况而确定。由于流经传输线周围的油水混合介质介电常数是变化的，传输线的特性阻抗也发生相应变化，因此传输线上的信号一般处于混合波传输模式。数值模拟结果表明：（1）传输线间油水混合介质介电常数的变化会改变传输线上信号的幅度和相位特性；（2）随着油水混合介质介电常数的增加，传输线终端的信号幅度不具有单调性，故基于单一的信号幅度特性检测油水介电常数方法不可行；（3）随着油水混合介质介电常数的增加，传输线终端的信号相移单调增加，因此基于传输线上信号的相位特性检测油水介电常数的方法是可行的。

2.4 基于传输线信号相移检测油水混合物介电常数的实验研究

为了验证上述理论分析的结果，设计了如图 2-6 所示的实验装置。将发射电路产生的高频正弦信号连接至传输线的输入端，高频正弦信号在传输线上传输后，产生了幅度衰减和相位偏移，传输线终端接入检测电路。信号检测主要由幅度检测和相位差检测两部分组成，其中，幅度检测是将示波器表笔直接连接到传输线终端，通过数字示波器观测信号的峰峰值；相位差检测电路用来检测经过传输线传输前后的高频信号的相位偏移信息，并将其数字化。

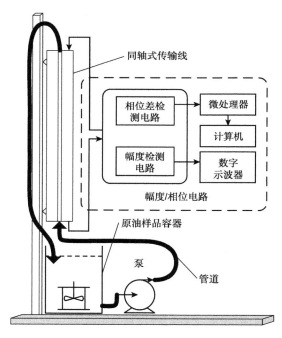

图 2-6 基于传输线的持水率实验装置示意图

为了便于对比分析，制作如表 2-2 所示三种型号的铜质同轴传输线，其中 1 号和 2 号传输线的内导体外半径相同，长度不同；2 号和 3 号传输线的长度相同，内导体外半径不同，传输线实物如图 2-7 所示。

表 2-2 传输线参数表

传输线编号	传输线长度（mm）	内导体外半径 (mm)	外导体内半径 (mm)
1 号	210	3.5	9
2 号	320	3.5	9
3 号	320	2.9	9

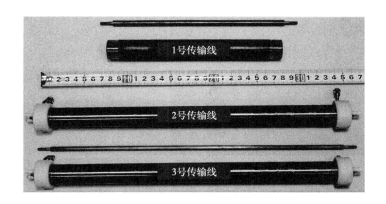

图 2-7 三种同轴传输线实物图

为了实验分析传输线在不同持水率条件下的信号特征，设计了如下两类测试样品，并分别给出两种不同的样品条件下的实验检测结果。

（1）等效连续介电常数测试样品与实验检测结果。

如图 2-8 所示，向直立的传输线注入一定高度的水，传输线内空气和水介质呈现分层结构，故传输线的等效电容 C_{rd} 为空气介质电容 C_a 与水介质电容 C_w 之和：

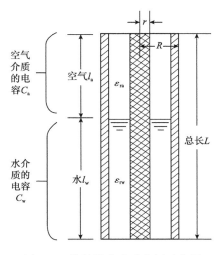

图 2-8 传输线内介质分层示意图

$$C_{rd} = C_a + C_w \tag{2-38}$$

$$\frac{2\pi\varepsilon_0\varepsilon_{rd}L}{\ln\dfrac{R}{r}} = \frac{2\pi\varepsilon_0\varepsilon_{ra}l_a}{\ln\dfrac{R}{r}} + \frac{2\pi\varepsilon_0\varepsilon_{rw}l_w}{\ln\dfrac{R}{r}} \tag{2-39}$$

式中　L——传输线的总高度；

$\qquad l_a$——传输线内空气的高度；

$\qquad l_w$——传输线内水的高度；

$\qquad \varepsilon_{rw}$——水的相对介电常数；

$\qquad \varepsilon_{ra}$——空气的相对介电常数；

$\qquad \varepsilon_{rd}$——等效相对介电常数；

$\qquad \varepsilon_0$——真空的介电常数；

$\qquad r$——传输线内导体的外半径；

$\qquad R$——传输线外导体的内半径。

因此，有

$$\varepsilon_{rd} = \frac{\varepsilon_{rw} - \varepsilon_{ra}}{L}l_w + \varepsilon_{ra} \tag{2-40}$$

由式（2-40）可知，当直立传输线空气和水分层时，传输线的等效介电常数是 l_w 的线性函数，当 l_w 由 0 变化到 L 时，传输线的等效介电常数由 ε_{ra} 变化到 ε_{rw}，因此可以通过直立传输线水位的连续变化获得等效连续介电常数的测试样本。

图 2-9 给出了三种传输线所测得的终端信号幅度、相移与等效持水率的关系曲线。幅度曲线表明，当持水率从 0 到 100% 变化时，1 号传输线终端信号的幅度经历上升 → 下降 → 再上升的变化过程，其余两支传输线信号的幅度呈现下降 → 上升 → 再下降的变化趋势。总之，持水率的变化与传输线终端信号幅度变化的关系不具有单调性，相同电压幅度可能产生于不同持水率的介质条件，实验结果验证了理论分析的结论，即通过高频信号幅度特性来测量油水混合物的介电常数，进而测量持水率是不可行的。相移曲线表明，尽管三种传输线的结构尺寸各不相同，但传输线终端信号的相移与持水率之间遵循单调递增的规律，从曲线的变化趋势来看，1 号传输线具有较好的线性度，而 3 号传输线则拥有较高的分辨率，这也与理论分析结论一致。

（2）真实离散介电常数油水样品与实验检测结果。

利用柴油和水配制持水率从 0% 到 100%、间隔单位为 5% 的原油样品共 21 份；再利用柴油和水配制持水率从 90% 到 100%、间隔单位为 1% 的高持水原油样品共 11 份。由于等效连续介电常数测试样品实验已经明确证明了基于传输线终端信号幅度测量持水率方案是不可行的，因此本实验主要考察真实油水样品情况下，传输线上信号相移在持水率变化的全程范围和高持水率范围段的分辨率。在实验过程中，选用线性度较好的1号传输线，记录下在不同样品中对应的信号相移数字化输出值。

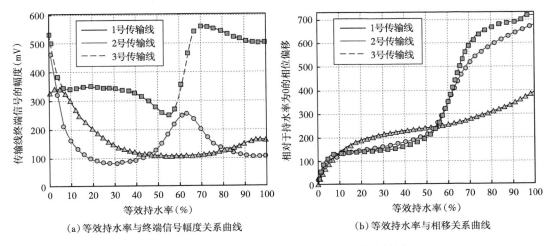

(a) 等效持水率与终端信号幅度关系曲线　　　(b) 等效持水率与相移关系曲线

图 2-9　等效连续介电常数测试样品的实验结果

图 2-10（a）给出持水率间隔单位为 5% 的样品的三次实验测试曲线，结果表明，信号相移与持水率呈单调递增关系，传输线检测重复性良好；图 2-10（b）给出 90%~100% 高持水率段，间隔单位为 1% 的样品的测试曲线，结果表明，在高持水率条件下，传输线能够反映 1% 的变化差异。

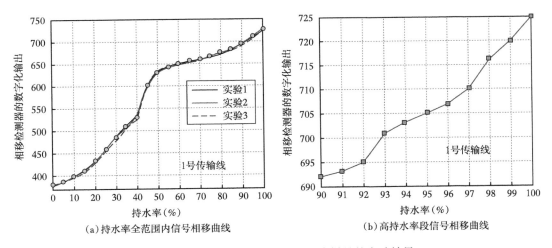

(a) 持水率全范围内信号相移曲线　　　(b) 高持水率段信号相移曲线

图 2-10　具有不同介电常数的油水样品的实验结果

根据上述实验，结论如下：

（1）同轴传输线两端信号发生的相移与持水率呈单调递增关系，通过高频信号相位特性来测量油水混合物的介电常数，进而测量持水率在实际中是可行的。

（2）传输线越长，分辨率越高，但长度过大，将导致相移不小于 2π，会出现解的不确定性。综合考虑到传输线的强度和分辨率，传输线的长度选择在 200~340mm 之间为宜。

（3）考虑到井下的仪器空间狭小，传输线的外导体内径不能太大。同时内外导体间又要保证足够距离，避免油水混合介质流经传感器时形成堵塞，再考虑内导体的机械强度及其表面还要涂盖绝缘介质，实际选择 a 为 2~3mm，选择 b 为 9~10mm，b/a 的范围在 3~4.5 之间为宜。

2.5 激励信号频率的选择

在原油开采的实际工程环境中，假设传输线中介质的单位电导 G 为 0 是不合理的。因为在实际的测井环境中油水混合介质通常具有一定的矿化度，并且随着矿化度的增加，混合介质的电导率会增大，混合介质的介电常数一般会下降。对于铜质的传输线，可以合理地假设传输线单位电阻为 0（$R=0$），则式（2-9）和式（2-10）可分别改写为

$$\alpha = \sqrt{\frac{1}{2}\left[\sqrt{(\omega L)^2\left(G^2+\omega^2 C^2\right)}-\omega^2 LC\right]} \qquad (2\text{-}41)$$

$$\beta = \sqrt{\frac{1}{2}\left[\sqrt{(\omega L)^2\left(G^2+\omega^2 C^2\right)}+\omega^2 LC\right]} \qquad (2\text{-}42)$$

等号两边平方后，得：

$$\alpha^2 = \frac{\omega^2 LC}{2}\left(\sqrt{1+\frac{G^2}{\omega^2 C^2}}-1\right) \qquad (2\text{-}43)$$

$$\beta^2 = \frac{\omega^2 LC}{2}\left(\sqrt{1+\frac{G^2}{\omega^2 C^2}}+1\right) \qquad (2\text{-}44)$$

已知数学关系：当 $x \ll 1$ 时，$\sqrt{1+x} \approx 1+x/2$。若要使采用此关系后引入的误差小于 1%，则 $x < 0.3$。在 $G \neq 0$ 时，如果选择 ω 足够大，使 $G^2/(\omega C)^2 \leqslant 0.3$，近似关系引入的误差小于 1%。在满足 $G^2/(\omega C)^2 \leqslant 0.3$ 的条件下，由 $\sqrt{1+x} \approx 1+x/2$ 的关系，式（2-43）和式（2-44）分别化简为

$$\alpha^2 \approx \frac{LG^2}{4C} \quad \text{或者} \quad \alpha \approx \frac{G}{2}\sqrt{\frac{L}{C}} \qquad (2\text{-}45)$$

$$\beta^2 \approx \omega^2 LC\left(1+\frac{1}{4}\frac{G^2}{\omega^2 C^2}\right) \quad \text{或者} \quad \beta \approx \omega\sqrt{LC}\ \sqrt{1+\frac{1}{4}\frac{G^2}{\omega^2 C^2}} \qquad (2\text{-}46)$$

由式（2-45）和式（2-46）可见，矿化度的增加，导致液体 G 的增加，会分别引起 α、β 的增大，导致信号在传输线的衰减加大，相移增大。同时，传输线的单位电容 C 与介质的介电常数成正比，而矿化度的增加会导致液体介电常数的减小，又会引起 α 增大和 β 减小。通过对比可知，矿化度增加引起 G 的增大，导致 α 和 β 的增加呈主导地位。

因此，根据式（2-45）和式（2-46），矿化度的存在和增加对传输线上信号影响的主要特征是导致信号幅度的衰减加大和相移增大。要使传输线信号相移法用于油水两相流持水率检测，必须减小矿化度对其影响，适当地提高信号的频率是减小地层水矿化度影响的方法之一。

首先，由式（2-46）可见，要减小 G 的变化对 β 的贡献，可以增大 ω，以减小 G 对 β 影响的权值。

其次，传输线间的位移电流 i_D 与传导电流 i 的比值 R_i 可表示为

$$R_i = \frac{i_D}{i} = \frac{\omega \varepsilon_{rx}}{\sigma_x} \cot(\omega t) = R_m \cot(\omega t) \qquad （2\text{-}47）$$

其中：

$$R_m = \frac{\omega \varepsilon_{rx}}{\sigma_x}$$

式中　ε_{rx}——被测介质的相对介电常数；

　　　σ_x——介质的电导率；

　　　R_m——位移电流与传导电流的比例系数。

要减小信号在传输线上的衰减，就要尽可能减小传输线间的传导电流的影响，就要求 $R_m \gg 1$，即：

$$R_m = \frac{\omega \varepsilon_{rx}}{\sigma_x} \gg 1 \qquad （2\text{-}48）$$

通过提高始端发送信号的频率可以提高位移电流相对于传导电流的比例，减小信号在传输线上的衰减，若要求由传导电流在总电流中所占的比例小于 $s\%$，则：

$$\frac{\sigma_x E_0}{\sigma_x E_0 + \omega \varepsilon_{rx} E_0} \leqslant s\% \qquad （2\text{-}49）$$

式中　E_0——电场强度。

式（2-49）可简化为

$$\omega \geqslant \frac{(100 - s)\sigma_x}{s \varepsilon_{rx}} \qquad （2\text{-}50）$$

提高发射信号的频率，无论是减小因矿化度增大对相移因子的影响，还是减小因矿化

度增大导致信号衰减增大都是有效的。但是，发射频率的增加意味着信号周期的减小。当频率大于 100MHz 时，受到井下电路分布参数的影响，实现 10ps 以下相位分辨率存在一定的难度。因此综合考虑这两个方面的因素，实际信号的发射频率选在 80~100MHz 之间为宜。

2.6 小结

本章阐明了油水混合流体的持水率与其介电常数的关系，分析了传输线中信号的传播特性，从信号与系统的角度建立了传输线在始端稳幅激励和终端负载恒定条件下信号传输的一般关系，完善了混合波模式下传输线信号的传输模型。在此基础上，进一步分析了四种不同结构传输线的特性阻抗和相移因子，给出了它们的一般表达式，数值模拟了两种不同长度的传输线在不同负载条件下介电常数与传输线上信号幅度与相移的关系，从而论证了基于传输线上信号相移检测介电常数的基本原理，并进行了实验验证。最后分析了矿化度对信号相移法的影响，确定了传输线上信号的工作频率。主要结论如下：

（1）油水混合物的持水率与其介电常数呈单调递增的关系，可以通过测量油水介质的介电常数来实现持水率检测。

（2）当被测的油水混合介质作为传输线间的填充介质时，其介电常数的变化直接影响传输线特性阻抗和相移因子。在传输线的终端电阻一定时，被测介质介电常数的随机变化导致传输线上信号一般处于混合波传播模式。理论数值模拟和实际样品实验表明，在混合波模式下，传输线两端信号的相移与被测流体介质的介电常数具有单调关系。基于信号的相位特性来测量油水混合物的介电常数，进而测量持水率是可行的。

（3）传输线信号相移法用于油水两相持水率检测时，提高发射信号的频率，不仅能够减小因矿化度增大对相移因子的影响，而且能够显著降低因矿化度增大所引起的信号衰减，结合井下高频电子线路的分辨率和可靠性，实际激励信号的发射频率选在 80~100MHz 之间为宜。

3 基于传输线信号相移的
持水率传感器设计

针对水平井和大斜度井中多点阵列式持水率测量的需求，提出了共面微带传输线传感器设计方案，分析了共面微带传输线传感器的结构参数和材料参数与信号传输特性之间的关系。数值模拟和实验结果表明，传感器在持水率全段范围内具有较一致的分辨率。在此基础上，为了避免实际工程中共面微带传输线传感器表面"附油、挂水"现象引起的测量误差，对其结构进行改进，设计了锥形螺旋传输线传感器。研究结果为阵列持水率检测仪信号获取关键部件的研制提供了解决方案。

3.1 基于传输线信号相移的持水率传感器的设计要求

阵列持水率仪器在测井时有下井和测量两种模式。下井模式主要是仪器在上提和下放的过程中在油管中移动的运行模式；测量模式是当仪器到达目的层后进行持水率检测的工作模式。在下井模式下，弓形弹簧处于收拢状态，仪器的最大直径不得大于 43mm；在测量模式下，弓形弹簧处于张开状态，传感器在弹簧张力作用下紧贴井筒周围，此时仪器的最大直径略小于套管的内径。若按外径为 7in 套管计算，弹簧张开后的直径约为160mm。

根据上述的空间结构，仪器的中心支撑杆半径应大于 4mm，以满足刚度需要。如果考虑固定弓形弹簧片的厚度为 1mm，实际上仪器预留安放传感器的空间为一内半径不小于 4mm、外半径不大于 20.5mm 的环形空间。在空间一定的条件下，配置传感器的数量决定了传感器的尺寸。为了兼顾实时性和空间分辨率两方面的要求，一般传感器数量为 12 支左右。若下井过程中将 12 支传感器分布在同一井筒截面高度上，彼此紧密地收拢成一个外切圆形，如图 3-1（a）所示，由三角形公式有

$$(R-r)\sin\theta = r \tag{3-1}$$

式中　　R——扣除弓形弹簧片厚度之后的仪器半径；

　　　　r——传感器最大允许半径；

　　　　θ——夹角，$\theta = 15°$。

将已知 $R = 20.5mm$ 代入式（3-1）中，可得 $r = 4.2mm$，即传感器的半径应控制在 4.2mm

以内。基于这一空间限制，如果采用同轴传输线结构的传感器，每支传感器的最大外径应小于 8.4mm。为了保证传感器一定的强度，同轴线内导体半径不小于 1mm，外导体厚度不小于 1mm，这时同轴线内的流体环空就小于 2.4mm。这样狭窄的空间会导致流体流动不畅，甚至出现堵塞。因此，同轴传输线传感器无法满足空间要求，必须寻找其他方案。图 3-1（b）为仪器处于测量模式下传感器的组合示意图，假设一种新型结构的传输线持水率传感器的直径为 8mm，此种组合结构占用直径从 144~160mm 范围的环形空间，可最大限度地减小了传感器对流体流态的影响。若进一步考虑仪器的流向分辨率，传感器的有效长度不宜超过 80mm。因此，传感器的外形尺寸被限制在一个直径为 8mm、长度为 80mm的圆柱形空间内。

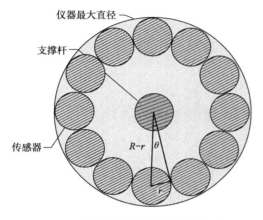
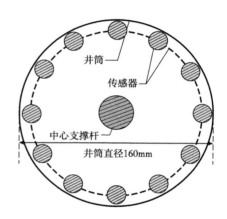

（a）传感器在下井模式下组合示意图 　　　　　　（b）传感器在测量模式下组合示意图

图 3-1　阵列持水率传感器的组合示意图

综上所述，基于传输线的阵列持水率传感器的设计要求是：（1）截面小——直径不超过 8mm，便于在油井截面上布置多支传感器形成检测阵列；（2）长度短——长度不超过80mm，便于提高流向分辨率；（3）精度高——测量误差 ±5%，从油至水的全程段保持一致的高精度。

3.2　共面微带传输线传感器设计与实验

3.2.1　共面微带传输线的结构

共面微带传输线又简称共面波导（Coplanar waveguide，简写为 CPW），是传输线中一种重要的类型。根据 2.1 节关于传输线上信号传输模型的分析可知，CPW 和同轴传输线都可以用于制作持水率传感器，但与结构封闭的同轴传输线相比，CPW 具有开放式结构，能够更好地接触油水，防止堵塞，方便维护，有利于传感器的小型化。常见的 CPW 为单层衬底结构，如图 3-2（a）所示，其中 w_1 为中心导体的宽度，w_2 为地导体的宽度，d 为中心导体与地导体之间的间隔，又称槽宽。在真实的测量环境下，CPW 传感器是置于油水混合流体中的，油和水被视为包裹在 CPW 传感器四周的介质材料，CPW 的特性参数会因为持水率的变化而变化。

为了避免井下液体对裸露金属电极的腐蚀，同时也为了减小矿化度对传输线上信号传输的影响，就需要在 CPW 的上表面涂覆一层特殊的绝缘材料，如图 3-2（b）所示，其中 ε_{r1} 和 ε_{r3} 分别为 CPW 衬底上下面的被测油水介质的相对介电常数，h_1 和 h_3 分别为二者边界与地导体的距离，ε_{r2} 和 ε_{r4} 分别为绝缘介质和衬底介质的相对介电常数，h_2 和 h_4 分别为二者边界与地导体的厚度。σ_1 和 σ_3 分别为衬底上下面的被测油水介质的电导率，σ_2 和 σ_4 分别为绝缘介质和衬底介质的电导率。因此，实际的 CPW 可视为被两个顶层和两个底层介质包围的多层衬底结构。

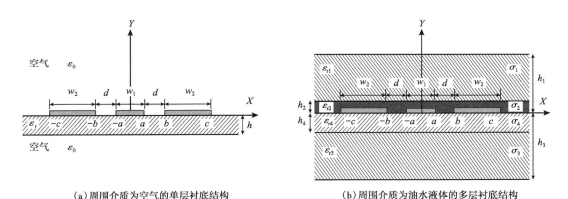

（a）周围介质为空气的单层衬底结构　　　　（b）周围介质为油水液体的多层衬底结构

图 3-2　CPW 结构示意图

3.2.2　共面微带传输线的特性参数

由于实际井下地层水中含有多种矿物质成分，油水混合流体就不能被视为电导率为零的理想介质。因此，油水介质电导率会引起传输线上信号的幅度衰减，信号在 CPW 传感器上处于有损传播模式。根据 2.2 节的结论，处于有损模式下传输线上信号相移的一般表达式可以用式（2-30）来描述。该式表明，传输线上的相位偏移 φ 与其特性阻抗 Z_0、衰减因子 α、相移因子 β、终端负载阻抗 Z_L、传输线的长度 l 有关。其中，除 Z_L 和 l 以外，其余三项均为传输线的二次特征量（又称传播特性参量），它们由传输线的一次特征量（又称分布参数）计算得到。为了寻求 CPW 传感器设计的理论依据，就要建立 CPW 的分布参数 C、G、L、R 与传输线结构参数及油水介质电学参数之间的关系，在此基础上，进一步推导出 CPW 的传播特性参数 Z_0、α、β 的表达式，建立 φ 与 CPW 结构参数、材料参数、油水介电常数三者的函数关系，最后通过数值模拟的方法寻求最佳的结构参数与材料参数。

3.2.2.1 多层衬底 CPW 的分布参数 C

目前常用的 CPW 特性参数的分析方法有全波分析法和保角变换法。其中，全波分析法通常要先利用边界条件得出源分布的积分方程，再由积分算式来求得总场，其数学分析和推导过程过于繁琐。对于传输线的特性参数和电磁场的边界问题，保角变换法是一种非常有效的数学分析方法，其最大优势在于其简单性及可以获得闭合形式的解析式。

对于图 3-2（b）所示多层衬底结构的 CPW，根据保角变换法，传输线的总电容可以分解为局部电容之和，即图中的总电容可记为 5 个部分电容的和：

$$C_{\mathrm{CPW}} = C_0 + C_1 + C_2 + C_3 + C_4 \qquad (3\text{-}2)$$

各部分电容的示意图如图 3-3 所示，局部电容叠加法假设所有的介质边界与电场线的方向一致。在这种情况下，传输线的电容可以按介质的层被分为几个不同的局部电容，且彼此的电场和磁场可以视为互不影响，即相互独立。以下讨论每一个电容的计算方法。

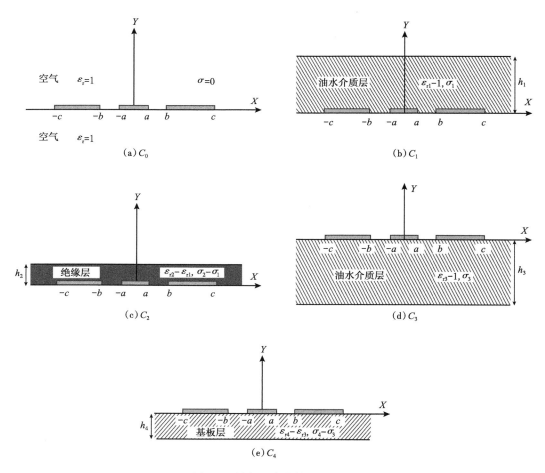

图 3-3　局部电容的结构示意图

（1）计算 C_0。

如图 3-3（a）所示，C_0 为所有介质视为真空条件下 CPW 传输线单位长度的电容，根据保角变换法求解带状平行线单位电容的结论，得：

$$C_0 = 4\varepsilon_0 \frac{K'(k)}{K(k)} = 4\varepsilon_0 M(k) \tag{3-3}$$

其中：

$$k = \frac{c}{b}\sqrt{\frac{b^2-a^2}{c^2-a^2}} \tag{3-4}$$

式中　k——传输线的结构参数；

$K(k)$——k 的第一类完全椭圆积分，且 $K'(k)=K(k')$；

$M(k)$——传输线结构参数 k' 与 k 的第一类完全椭圆积分之比。

变量 k 和 k' 为 $K(k)$ 的模与补模，变量 k' 的表达式为

$$k' = \sqrt{1-k^2} \tag{3-5}$$

为了简化起见，式（3-3）中 $M(k)=K'(k)/K(k)$。

式（3-3）中第一类完全椭圆积分的计算较为复杂，此处可采用 Hilberg 的近似计算法来对其进行化简，其中：

$$M(k) \approx \begin{cases} \dfrac{\pi}{2\ln\left(2\sqrt{\dfrac{1+k}{1-k}}\right)} & \dfrac{\sqrt{2}}{2} \leqslant k \leqslant 1 \\[4mm] \dfrac{2}{\pi}\ln\left(2\sqrt{\dfrac{1+k'}{1-k'}}\right) & 0 \leqslant k \leqslant \dfrac{\sqrt{2}}{2} \end{cases} \tag{3-6}$$

（2）计算 C_1。

如图 3-3（b）所示，电场仅存在于厚度为 h_1 的介质层中，其相对介电常数为 ε_{r1}-ε_{ra}，因为空气的相对介电常数 ε_{ra} 为 1，所以等效相对介电常数可记为：ε_{r1}-1。根据保角变换法的结论，得：

$$C_1 = 2\varepsilon_0(\varepsilon_{r1}-1)M(k_1) \tag{3-7}$$

其中：

$$k_1 = \frac{\sinh\dfrac{\pi c}{2h_1}}{\sinh\dfrac{\pi a}{2h_1}}\sqrt{\frac{\sinh^2\dfrac{\pi b}{2h_1}-\sinh^2\dfrac{\pi a}{2h_1}}{\sinh^2\dfrac{\pi c}{2h_1}-\sinh^2\dfrac{\pi a}{2h_1}}} \tag{3-8}$$

式中　k_1——传输线的结构参数。

（3）计算 C_2、C_3 和 C_4。

如图 3-3（c）至（e）所示，局部电场仅存在于厚度分别为 h_2、h_3、h_4 的层状介质内，对应介质的相对介电常数分别为 $\varepsilon_{r2}-\varepsilon_{r1}$、$\varepsilon_{r3}-1$ 和 $\varepsilon_{r4}-\varepsilon_{r3}$。相应地，可以得到：

$$C_2 = 2\varepsilon_0\left(\varepsilon_{r2}-\varepsilon_{r1}\right)M\left(k_2\right) \tag{3-9}$$

$$C_3 = 2\varepsilon_0\left(\varepsilon_{r3}-1\right)M\left(k_3\right) \tag{3-10}$$

$$C_4 = 2\varepsilon_0\left(\varepsilon_{r4}-\varepsilon_{r3}\right)M\left(k_4\right) \tag{3-11}$$

其中：

$$k_i = \frac{\sinh\frac{\pi c}{2h_i}}{\sinh\frac{\pi b}{2h_i}}\sqrt{\frac{\sinh^2\frac{\pi b}{2h_i}-\sinh^2\frac{\pi a}{2h_i}}{\sinh^2\frac{\pi c}{2h_i}-\sinh^2\frac{\pi a}{2h_i}}} \quad i=2,3,4 \tag{3-12}$$

综上所述，图 3-2（b）所示多层衬底 CPW 传输线的总电容为

$$\begin{aligned}C_{CPW} &= C_0+C_1+C_2+C_3+C_4 \\ &= 4\varepsilon_0 M(k)+2\varepsilon_0(\varepsilon_{r1}-1)M(k_1)+2\varepsilon_0(\varepsilon_{r2}-\varepsilon_{r1})M(k_2)+ \\ &\quad 2\varepsilon_0(\varepsilon_{r3}-1)M(k_3)+2\varepsilon_0(\varepsilon_{r4}-\varepsilon_{r3})M(k_4)\end{aligned} \tag{3-13}$$

在实际测量条件下，CPW 传输线浸没在油水介质中，由于 CPW 传输线为薄板结构，可以合理地假设最顶层的介质 ε_{r1} 和最底层的介质 ε_{r3} 具有相同的等效介电常数，其相对介电常数记为 ε_{rx}，因此有

$$\varepsilon_{r1}=\varepsilon_{r3}=\varepsilon_{rx} \tag{3-14}$$

另外，包围 CPW 的液体厚度 h_1 和 h_3 远大于地导体外侧与中心导体的距离 c，根据数学关系有：$k_1\approx k_3\approx k$，则：

$$M(k)=M(k_1)=M(k_3) \tag{3-15}$$

将式（3-14）和式（3-15）代入（3-13）得：

$$C_{CPW}=\varepsilon_0\left\{\left[4M(k)-2M(k_2)-2M(k_4)\right]\varepsilon_{rx}+2M(k_2)\varepsilon_{r2}+2M(k_4)\varepsilon_{r4}\right\} \tag{3-16}$$

可记为

$$C_{CPW}=\varepsilon_0\left(p_1\varepsilon_{rx}+p_2\varepsilon_{r2}+p_4\varepsilon_{r4}\right) \tag{3-17}$$

其中：

$$p_1=4M(k)-2M(k_2)-2M(k_4) \tag{3-18}$$

$$p_2 = 2M(k_2) \tag{3-19}$$

$$p_4 = 2M(k_4) \tag{3-20}$$

由此可见，CPW 传输线的分布电容不仅与传输线周围油水介质的相对介电常数 ε_{rx} 有关，还与传输线的结构参数 p_1、p_2、p_4 和传输线的材料参数 ε_{r2}、ε_{r4} 有关。

3.2.2.2　多层衬底 CPW 的分布参数 G

对于图 3-2（b）所示多层衬底结构的 CPW 传输线，可采用局部电导叠加的方法求取传输线的分布电导。图中的电导可记为 5 个部分电导的和：

$$G_{CPW} = G_0 + G_1 + G_2 + G_3 + G_4 \tag{3-21}$$

对于图 3-3（a）所示的衬底结构，其单位长度电导 G_0 为

$$G_0 = 4\sigma_a M(k) \tag{3-22}$$

因为空气的电导率 $\sigma_a = 0$，所以：

$$G_0 = 0 \tag{3-23}$$

对于图 3-3（b），其单位长度电导 G_1 为

$$G_1 = 2(\sigma_1 - \sigma_a)M(k_1) = 2\sigma_1 M(k_1) \tag{3-24}$$

对于图 3-3（c）（d），其各单位长度电导 G_2、G_3、G_4 分别为

$$G_2 = 2(\sigma_2 - \sigma_1)M(k_2) \tag{3-25}$$

$$G_3 = 2(\sigma_3 - \sigma_a)M(k_3) = 2\sigma_3 M(k_3) \tag{3-26}$$

$$G_4 = 2(\sigma_4 - \sigma_3)M(k_4) \tag{3-27}$$

将式（3-23）至式（3-27）代入（3-21）有

$$G_{CPW} = 2\left[\sigma_1 M(k_1) + (\sigma_2 - \sigma_1)M(k_2) + \sigma_3 M(k_3) + (\sigma_4 - \sigma_3)M(k_4)\right] \tag{3-28}$$

由于 CPW 传输线为薄板结构，因此可以合理地假设传输线上下表面附近的油水介质的电导率是相等的，将油水介质的电导率记为 σ_x，有

$$\sigma_1 = \sigma_3 = \sigma_x \tag{3-29}$$

将式（3-29）和式（3-15）代入式（3-28），并进一步简化为

$$G_{CPW} = \left[4M(k) - 2M(k_2) - 2M(k_4)\right]\sigma_x + 2M(k_2)\sigma_2 + 2M(k_4)\sigma_4 \tag{3-30}$$

可记为

$$G_{\mathrm{CPW}} = p_1\sigma_x + p_2\sigma_2 + p_4\sigma_4 \tag{3-31}$$

由此可见，CPW 的分布电导 G_{CPW} 不仅与传输线周围油水介质的电导率 σ_x 有关，还与传输线的结构参数 p_1、p_2、p_4 和传输线的材料参数 σ_2、σ_4 有关。

3.2.2.3 多层衬底 CPW 的分布参数 L

与普通单层衬底的传输线的磁场分布非常相似，多层衬底 CPW 的分布电感 L_{CPW} 可表示为

$$L_{\mathrm{CPW}} = \frac{1}{4c^2\varepsilon_0}\frac{1}{M(k)} \tag{3-32}$$

式中 c——光速。

c 与真空磁导率 μ_0、真空介电常数 ε_0 的关系为

$$c^2 = \frac{1}{\mu_0\varepsilon_0} \tag{3-33}$$

将式（3-33）代入式（3-32）得：

$$L_{\mathrm{CPW}} = \frac{\mu_0}{4}\frac{1}{M(k)} = \frac{\mu_0}{p_1 + p_2 + p_4} \tag{3-34}$$

式（3-34）表明，CPW 传输线的分布电感 L_{CPW} 与传输线的结构参数 p_1、p_2、p_4 有关。

3.2.2.4 多层衬底 CPW 的分布参数 R

在高频情况下，金属导体内的电流分布密度并不均匀，从金属层表面至其中心呈指数规律减小，这种现象被称为趋肤效应。趋肤深度 δ_{s} 可表示为

$$\delta_{\mathrm{s}} = \frac{1}{\sqrt{\pi\mu_0\sigma f}} \tag{3-35}$$

式中 μ_0——真空磁导率；

  σ——金属电导率；

  f——信号频率。

同样地，采用保角变换法，能够推导出金属导体的线电阻和金属损耗。对于导体厚度 $t < 3\delta_{\mathrm{s}}$ 的情况，可以用一个简单的近似公式来估算传输线的分布电阻：

$$R_{\mathrm{CPW}} = \frac{1}{\sigma\delta_{\mathrm{s}}\left[1 - \exp(-t/\delta_{\mathrm{s}})\right]} \tag{3-36}$$

式（3-36）表明，CPW 传输线的分布电阻只与传输线金属导体的电导率和信号频率有

关。当金属导体的电导率较大（金属铜的电导率），信号频率较低时（小于 1GHz），R_{CPW} 可近似等于 0。

3.2.2.5 多层衬底 CPW 的传播特性参量 Z_0、α、β

根据 Chen E L 等（1997）关于多层衬底 CPW 的传输特性的研究结论，CPW 的特性阻抗 Z_0 和相移因子 β 有如下表达式：

$$Z_0 = \frac{\sqrt{\varepsilon_{\text{eff}}}}{Cc} \qquad (3-37)$$

$$\beta = \frac{\omega}{v_p} = \frac{\omega\sqrt{\varepsilon_{\text{eff}}}}{c} \qquad (3-38)$$

其中：

$$\varepsilon_{\text{eff}} = \frac{C}{C_0} \qquad (3-39)$$

式中　c——光速；

　　　C——传输线的分布电容；

　　　ω——信号角频率；

　　　v_p——相速度；

　　　ε_{eff}——CPW 的有效介电常数；

　　　C_0——假设 CPW 周围所有介质均为真空条件下传输线的电容。

将式（3-39）代入式（3-37）、式（3-38），可分别得：

$$Z_0 = \frac{1}{c\sqrt{CC_0}} \qquad (3-40)$$

$$\beta = \frac{\omega\sqrt{C}}{c\sqrt{C_0}} \qquad (3-41)$$

将 C、G、L、R 代入式（3-40）、式（2-9）、式（3-41），则 Z_0、α、β 可进一步表示为

$$Z_0 = \frac{1}{2c\varepsilon_0\sqrt{M(k)(p_1\varepsilon_{rx} + p_2\varepsilon_{r2} + p_4\varepsilon_{r4})}} \qquad (3-42)$$

$$\alpha = \sqrt{\frac{\omega L}{2}\left(\sqrt{G^2 + \omega^2C^2} - \omega C\right)} \qquad (3-43)$$

$$\beta = \frac{\omega}{2c}\sqrt{\frac{p_1\varepsilon_{rx} + p_2\varepsilon_{r2} + p_4\varepsilon_{r4}}{M(k)}} \tag{3-44}$$

3.2.3 共面微带传输线传感器结构与材料参数数值模拟

根据 2.2 节中的结论，CPW 作为一种特殊结构的传输线，信号在其上传播时所发生的相移仍满足式（2-30）。若将式（3-42）至式（3-44）代入式（2-30），可得到 CPW 在有损模式下信号相移 φ 的一般表达式。它不仅是油水混合介质相对介电常数 ε_{rx} 的函数，而且还取决于传输线结构参数和材料参数。因此，为了获得最佳分辨率，就要求当 ε_{rx} 从全油至全水的变化时，CPW 上的 φ 尽可能地达到最大（不超过 2π），并且尽可能地与 ε_{rx} 之间呈单调递增线性关系。实现这一目标的关键在于选择合适的结构参数与材料参数。为此，进行数值模拟，当考察某一特定参数对相移的影响规律时，选用四种不同的值代入，其余参数默认选用如表 3-1 和表 3-2 所示参数，将式（3-42）至式（3-44）及相关数值代入式（2-30），数值模拟结果如图 3-4 和图 3-5 所示（测量电路相关参数：激励信号频率 $f=80\text{MHz}$，终端负载阻抗 $Z_L=60\Omega$）。

表 3-1　CPW 结构参数表

参数	w_1（mm）	w_2（mm）	d（mm）	h_2（mm）	h_4（mm）	l（mm）
数值	0.2	0.38	0.15	0.05	1.6	320

注：w_1 为中心导体带的宽度，w_2 为地导体的宽度。

表 3-2　CPW 材料参数表

参数	ε_{r2}	ε_{r4}	ε_{rx}	σ_2（S/m）	σ_4（S/m）	$\sigma_铜$（S/m）
数值	2.5	4.5	2~80	1×10^{-14}	3×10^{-13}	5.9×10^{7}

图 3-4 为 CPW 结构参数与 φ 的关系曲线，图 3-4（a）（c）表明，中心导体的宽度越宽或者导体间槽的宽度越大，则 CPW 传输线两端产生的相位偏移越大，传感器的动态范围也越大；图 3-4（b）（e）表明，当地导体的宽度和衬底的厚度在一定范围内变化时，几乎不影响相位偏移值；图 3-4（d）表明，绝缘层越薄，则传输线对油水介质的响应越灵敏，相位偏移就越大，传感器的动态范围也越大；图 3-4（f）表明，传输线越长，相位偏移的动态范围越大，但应限制在一定的长度范围内，以确保在实际应用时最大相位偏移量不宜超过 2π，否则容易出现多解。

图 3-5 为 CPW 材料参数与 φ 的关系曲线。如图 3-5（a）（b）所示，绝缘材料或者衬底材料的介电常数越大，CPW 传输线两端产生的相位偏移的动态范围越小，也就是说，衬底层和绝缘层均宜采用介电常数较小的材料，以提高传感器的分辨率；如图 3-5（c）（d）所示，只要绝缘材料和衬底材料具有较小的电导率，即便相差 10^6 个数量级，电导率变化也不会对相位偏移产生影响，这也进一步降低了对材料绝缘性能的要求。

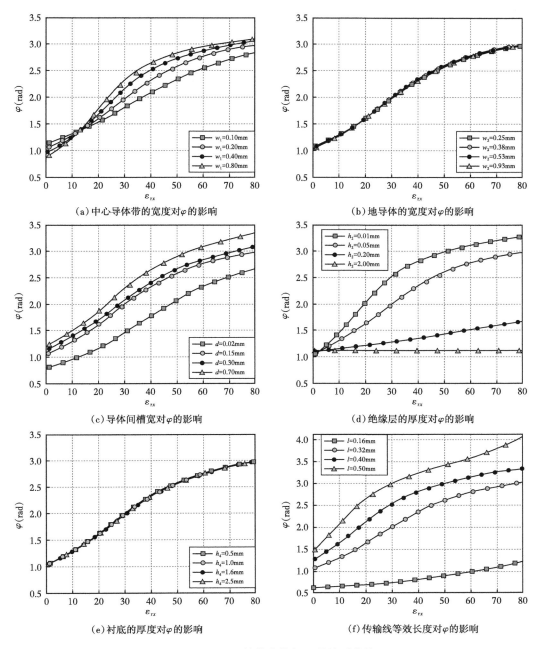

图 3-4 CPW 结构参数与 φ 的关系曲线

综上所述，设计 CPW 传感器应遵循以下原则：

（1）从 CPW 结构方面考虑，在空间允许的情况下，应选择较大的中心导体的宽度和导体间槽宽；地导体的宽度和衬底的厚度对分辨率几乎没有影响，可以灵活设计；此外，减小绝缘层的厚度，并适当增加传输线的长度，都能够有效提高相位偏移的动态范围。

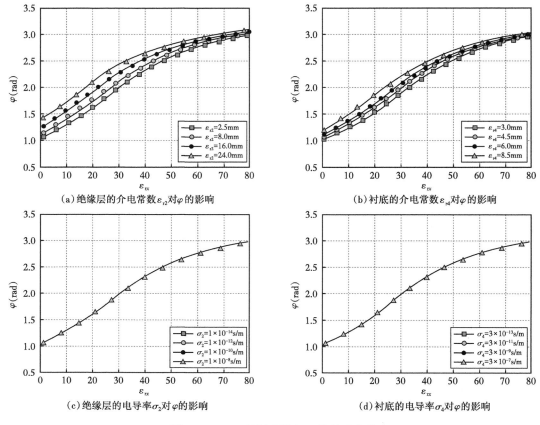

图 3-5 CPW 材料参数与 φ 的关系曲线

（2）从 CPW 材料方面考虑，选择介电常数较小的表面涂覆材料和底部衬底材料能够进一步提高传感器的动态范围，当表面涂覆材料和底部衬底材料的电导率分别在 $1 \times 10^{-14} \sim 1 \times 10^{-8}$S/m 和 $3 \times 10^{-13} \sim 3 \times 10^{-7}$S/m 范围内变化时，材料的电导率对传感器的分辨率影响不大，在工程实际中大多数绝缘材料均满足电导率要求。

3.2.4 共面微带传输线传感器实验研究

根据理论分析的结果，要在有限的尺寸条件下提高传感器的分辨率，就需要增加传输线的有效长度，因此，将实际 CPW 传输线设计成首尾相连的"S"形。为了便于分析比较，设计三种不同尺寸的传感器，其示意图和实际传感器如图 3-6 所示。其中，2 号传感器采用双面 CPW，在传感器总长度不变的情况下，使得传输线的有效长度提高了 1 倍；3 号传感器与其他传感器的区别在于表面涂覆的绝缘介质的厚度是另外两种的 4 倍。显然与同轴传输线结构不同，CPW 的短小片状结构非常适合沿环状空间的阵列组合，具体参数见表 3-3。

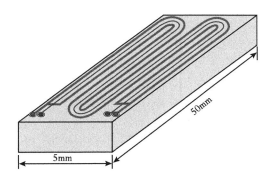

（a）CPW传感器的结构示意图

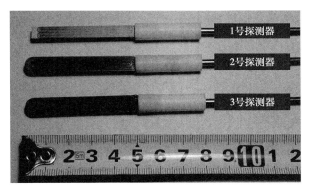

（b）三种CPW传感器实物图

图 3-6　CPW 传感器结构示意图与实物图

表 3-3　CPW 传感器参数表

CPW 传感器	w_1 （mm）	w_2 （mm）	d （mm）	ε_{r2}	ε_{r4}	h_2 （mm）	h_4 （mm）	l （mm）	PCB 层数	传感器总长度 （mm）
1 号	0.2	0.38	0.15	2.5	4.5	0.05	1.6	160	单面	50
2 号	0.2	0.38	0.15	2.5	4.5	0.05	1.6	320	双面	50
3 号	0.2	0.38	0.15	2.5	4.5	0.20	1.6	160	单面	50

　　上述 CPW 传感器均采用厚度为 1.6mm、宽度为 7mm 的环氧树脂－玻璃（FR4）衬底材料，其相对介电常数约为 4.5；导体材料为铜，厚度为 35μm；表面涂覆的绝缘材料为聚四氟乙烯，其相对介电常数约为 2.5。

　　实验装置如图 3-7 所示，将油水样品倒入容器中，并利用搅拌器以固定速度将其混合均匀。将 CPW 传感器浸没在液体中，接口端通过同轴电缆与检测电路相连。在实验过程中，温度保持在 25℃左右，利用配制的持水率为 0~100%、间隔单位为 10% 的 11 份油水样品分别对 3 种不同尺寸的传感器进行测试，记录每种传感器在不同持水率样品中产生的相位偏移值。

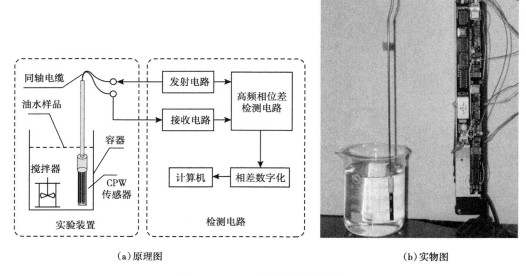

（a）原理图　　　　　　　　　　　　　　　（b）实物图

图 3-7　CPW 传感器实验装置

图 3-8 给出了 3 种不同尺寸的传感器在不同离散样品中的信号相位偏移值。为了便于比较，图中还给出了不同的传感器上的相移理论计算曲线。其中，理论曲线的计算过程为：将 H—B 公式中 ε_{rx} 与 Y_w 之间关系代入式（2-30），得到 φ 与 Y_w 之间的曲线。在油水介质均匀混合条件下，H—B 公式为

$$\varepsilon_{rx} = \left[\sqrt{\varepsilon_o} \left(1 - Y_w \right) + Y_w \sqrt{\varepsilon_w} \right]^2 \qquad （3-45）$$

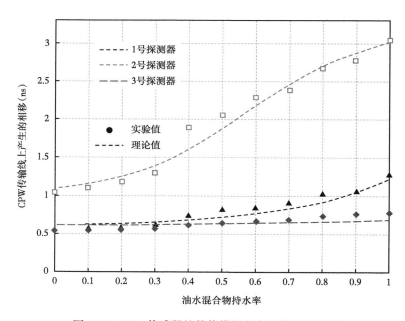

图 3-8　CPW 传感器的数值模拟与实验结果对比图

比较实验数据可见：（1）3号传感器反映出绝缘层厚度的差异对动态的影响，绝缘层越厚，传感器动态范围越小，这与图3-4（d）数值模拟的结论是一致的；（2）1号传感器与2号传感器的长度差异表明，传感器的长度越长，相移动态范围越大。实验结果表明：在CPW传感器上产生的信号相移与持水率呈单调递增关系，与理论分析结论相同，说明CPW传感器在持水率全范围内都具有良好的分辨率，不存在电容法和电导法传感器仅适用于低持水和高持水窄范围内测量的弊端。

3.2.5　结论

（1）针对水平井和大斜度井中多点阵列式持水率测量的需求，首次提出了CPW传感器设计方案，理论分析与实验结果一致表明：产生在CPW传感器上信号的相移与持水率呈近似线性关系，这使得CPW传感器在持水率全范围内都有效。

（2）CPW传感器与同轴传输线传感器的相移特性曲线具有相对一致的变化趋势，所不同的是，CPW传感器具有开放式结构，避免了同轴传输线传感器间隙封闭、狭小，易于堵塞，不便维护的弊端，在保持动态和分辨率的条件下，实现了阵列传感器的小型化。

3.3　锥形螺旋传输线传感器设计与实验

尽管CPW传感器具有良好的灵敏度，但实验中发现的问题是：当传感器平面的法相与重力方向夹角较小时，传感器的上下两面上容易"挂水珠"和"附油滴"，这样会引起测量误差。为了减小这种液体吸附现象，对传感器的结构做进一步改进，由平面结构改为锥形螺旋结构。锥形螺旋传输线传感器的基本原理与CPW传输线传感器一样，所不同的是取代平板绝缘基底两面走线，通过加工一个PEEK材料的锥形体，并在锥体上切削出四条螺旋线（四螺距），两根传输绝缘线从锥底旋转环绕至锥尖，然后在锥尖通过另两条螺旋线环绕返回至锥底，就形成了所谓锥形螺旋传输线传感器，如图3-9所示。

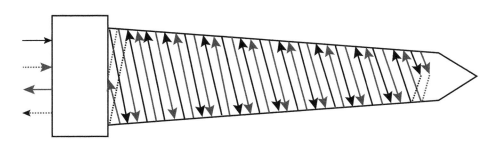

图3-9　锥形螺旋传输线传感器示意图

参照CPW传输线传感器的参数和阵列持水率检测的尺寸要求，实际制作的传感器的参数见表3-4，实际制作的传感器实物如图3-10所示。

表 3-4   锥形螺旋传输线传感器参数表

参数	螺距（mm）	锥尖高（mm）	有效螺旋线高（mm）	传感器总长度（mm）	锥顶直径（mm）	锥底直径（mm）
数值	1.5	7	66	90	6	8

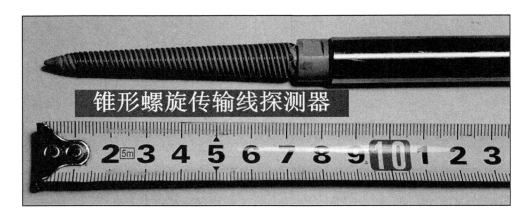

图 3-10   锥形螺旋传输线传感器实物图

　　锥形螺旋传输线传感器的实验结果如图 3-11 所示，其中横坐标为油水混合物的持水率，纵坐标为锥形螺旋传输线传感器的归一化相对相移计数百分比。实验数据表明：（1）锥形螺旋传输线传感器的信号相移与持水率具有良好单调递增关系；（2）传感器在全油中的相移小于 75 个计数单位，在全水中的相移大于 1075 计数单位，从全油到全水的检测动态达到了 1000 个计数单位，与同轴传输线传感器和 CPW 传感器相比，是记录动

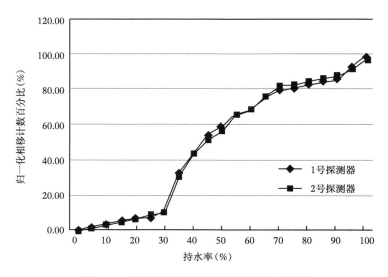

图 3-11   锥形螺旋传输线传感器的实验结果

态最大的;(3)1 号传感器与 2 号传感器的曲线基本重合,说明两只探测性具有良好的一致性。锥形螺旋传输线传感器良好的检测性能主要是因为通过传输线在螺旋锥体上缠绕,使其在有限的体积结构上达到了较大的传输线长度,同时相对于 CPW 传感器,采用了直径更粗的传输线。

3.4　小结

本节设计了两种新型结构的传输线传感器,理论分析和实验结果表明两种传感器都能很好地检测油水两相持水率的变化,但各有其特点,主要结论如下:

(1)CPW 传感器具有良好的灵敏度,探测面开放,体积结构小,特别适合于阵列检测。但存在的问题是探测面上容易"挂水珠"和"附油滴",尤其是当探测面与重力方向垂直时比较明显,这样会带来测量误差。因此要采用 CPW 传感器,需要寻找疏油、疏水材料涂覆在探测面表面,避免"挂水附油"。

(2)锥形螺旋传输线传感器灵敏度高,动态大,尺寸结构相对与 CPW 传感器要略大,但相对于同轴传输线传感器要小得多,而且由于锥形螺旋的结构,"挂水"和"附油"的情况相对于 CWP 传感器要好得多。

综合分析比较,锥形螺旋传输线传感器是基于传输线信号相移的阵列持水率仪器的最佳选择。

4 基于传输线信号相移的阵列 持水率检测仪器设计

本章根据阵列持水率检测仪器的基本需求，拟定仪器的基本技术指标，论述高频信号差频测量相移的基本原理，提出了仪器的总体设计方案，重点论述了仪器模拟部分和逻辑控制部分的电路设计，研制开发了阵列持水率检测仪器。

4.1 仪器的基本技术指标

基于现场调研和测井要求的分析，对阵列持水率检测仪器的需求如下。

（1）阵列式传感器结构：仪器应在检测面布置多个传感器，形成一个平面传感器阵列，以获取检测面上持水率的空间分布信息。

（2）全程域的检测精度：仪器从持水率 0% 到 100% 全程测量段应具有一致的测量精度，即测量误差小于 ±5%。

（3）传感器的姿态定位：为了对斜井和水平井测量的结果进行评价解释，仪器应提供阵列传感器检测面的姿态信息，即检测面 x 方向、y 方向、z 方向与相对于重力矢量方向垂直的水平面的夹角。

（4）高温高压工作环境：根据井下实际高温、高压的工作环境，仪器应在温度高达 160℃，压力达 100MPa 的恶劣环境持续稳定可靠地工作（持续时间达 10 小时）。

（5）能过套管的仪器尺寸：仪器的弹簧臂收缩时直径应不大于 43mm。

（6）实时动态数据监测：仪器在测井工作时应能根据需求实时向地面传送检测数据。

基于上述需求，提出仪器的基本技术指标如下。

仪器耐压：100MPa；

仪器工作温度：155℃；

最高工作温度：170℃；

仪器直径：43mm；

仪器功耗：≤ 5W；

持水率测量范围：0~100%；

测量误差：±5%；

阵列传感器个数：12 个；

扫描速率：10Hz；

数传速率：2400bit/s；

适应流量范围：2~50m³/d（5.5in 套管）；

传感器姿态：传感器检测面 x 方向、y 方向、z 方向与相对于重力矢量方向垂直的水平面的夹角。

4.2 高频信号差频相移检测的基本原理

根据 2.3 节的研究结论，基于传输线上信号相移检测油水混合流体持水率的问题就归结为两路高频信号相移差的精确测量问题。

设传输线输入端信号频率为 f_c 的等幅正弦波 $s_i(t) = A\sin(2\pi f_c t)$，其中，$A$ 为信号的幅度，t 为时间。根据式（2-34），传输线输出端的信号可表示为 $s_o(t) = B\sin(2\pi f_c t - \varphi)$。若油水混合物的持水率为 0 时，对应幅度和相移分别为 B_o 和 φ_o；油水混合物的持水率为 100% 时，对应幅度和相移分别为 B_w 和 φ_w。

对于频率为 80MHz 的高频信号而言，其周期只有 12.5ns，单位相移对应的延时为 1.99ns/rad（12.5ns/2π）或者 0.035ns/°（12.5ns/360°），要直接测量从 φ_o 到 φ_w 范围变化对应的时差，且分辨率达到 1‰ 是非常困难的。为了实现对两路高频信号相差的精确测量，采用了差频测相的方法，其基本原理如下。

已知传输线两端的信号分别为

$$s_i(t) = A\sin(2\pi f_c t) \tag{4-1}$$

$$s_o(t) = B\sin(2\pi f_c t - \varphi) \tag{4-2}$$

将两个信号分别乘以一个标准的正弦信号 $p(t) = \sin[2\pi(f_c + \Delta f)t]$，其中 $\Delta f \ll f_c$，则有

$$p(t)s_i(t) = A\sin[2\pi(f_c + \Delta f)t]\sin(2\pi f_c t) \tag{4-3}$$

$$p(t)s_o(t) = B\sin[2\pi(f_c + \Delta f)t]\sin(2\pi f_c t - \varphi) \tag{4-4}$$

根据积化和差公式，有

$$p(t)s_i(t) = 0.5A\cos[2\pi\Delta ft] - 0.5A\cos[2\pi(2f_c + \Delta f)t] \tag{4-5}$$

$$p(t)s_o(t) = 0.5B\cos[2\pi\Delta ft + \varphi] - 0.5B\cos[2\pi(2f_c + \Delta f)t - \varphi] \tag{4-6}$$

滤除式（4-5）、式（4-6）中高频部分（和频部分），保留其中低频部分（差频部分），有

$$y_i(t) = 0.5A\cos(2\pi\Delta ft) \tag{4-7}$$

$$y_o(t) = 0.5B\cos(2\pi\Delta ft + \varphi) \tag{4-8}$$

比较式（4-7）、式（4-8）与式（4-3）、式（4-4）两组表达式可见，前后两组信号的绝对相差没变，都是 φ，但由于 $\Delta f \ll f_c$，后者的频率大大降低，绝对相移 φ 相对应的时延

大大增加，从而增大了时域可测性。若 $\Delta f = 20\text{kHz}$，则单位相移对应的延时为 $7.96\mu s/\text{rad}$（$0.139\mu s/°$）。由此可见，20kHz 信号单位相移对应的延时相对于 80MHz 信号的时延放大了 4000 倍。对于相同的相差 φ，可测性大大提高。传输线两端高频信号相差测量的原理如图 4-1 所示。

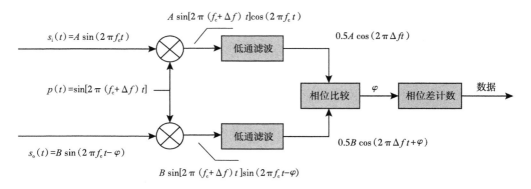

图 4-1　传输线两端高频信号相差检测原理图

对于乘法器输出的两路频率为 20kHz 的正弦信号，周期为 50μs，若采用计数器对其进行相移计数，并达到 1‰ 的分辨率，则计数时钟周期应不超过 50ns。换句话说，相位差计数电路中计数器的工作频率不得低于 20MHz。若选择 40MHz 的计数时钟频率，就可将相移分辨率提高到 0.5‰。

为了避免高频信号频偏引入的测量误差，信号源应选择具有带温度补偿功能的高精度晶体振荡器（TXCO）。在实际工程应用中，TXCO 的频率稳定度一般都优于 5×10^{-6}。若选择 $\pm5\times10^{-6}$ 稳定度的晶体振荡器，对于频率为 80MHz（周期为 12.5ns）的高频信号源而言，产生的周期偏差约为 $\pm5\times10^{-6}\times12.5\text{ns}$。通过差频后该周期偏差被扩大了 4000 倍，即为 $\pm250\times10^{-3}\text{ns}$，采用以上 40MHz 的计数时钟对其计数，相应的计数结果为 ±0.01 个计数单位。因此，当采用频率稳定度达到 5×10^{-6} 的 TXCO 时，频偏引入的误差可以忽略不计。

尽管通过对高频信号差频扩大了相移对应的时延，提高了相移的可测性，但它同时也放大了两路信号通道本身的非一致性。为了避免或减小两信号通道本身非一致性引起的测量误差，设计时要求两路信号通道的结构对称，器件特性匹配，温漂一致，从而避免两通道非一致性引起的测量误差。

4.3　仪器的总体结构与基本时序

4.3.1　总体结构

基于高频信号差频检测相差的原理，仪器的总体结构如图 4-2 所示。它由八个模块组成，分别是高频信号源、多路分配与多路复用模块、模拟信号调理模块、数字延时线、逻辑控制模块、鉴相/计数器模块、方位检测模块、处理与传输模块。具体功能分述如下。

（1）高频信号源：分别产生 80MHz（或 100MHz）和 80.02MHz（或 100.02MHz）的两路高频信号，其中 80MHz（或 100MHz）高频信号送入传输线传送，80.02MHz（或 100.02MHz）高频信号用来与传输线两端的信号进行混频以获取差频分量。

（2）多路分配与多路复用模块：为了实现多传感器复用一路信号激励源和一路相移检测电路，以减小电路板尺寸，保证多道信号的一致性，采用多路分配与多路复用模块。它们由 12 路多路分配器和 12 路多路复用器组成，其中多路分配器将 80MHz 高频信号分时分配到 12 个传感器的输入端，信号经传感器延时后，由多路复用器将 12 路信号分时复用到相移检测电路。

（3）模拟信号调理模块：由两组模拟信号混频、低通滤波和过零比较整形电路构成，一组用于对传输线输入的高频信号进行混频/滤波/整形，另一组用于对传输线输出高频信号进行混频/滤波/整形，分别获取 20kHz 的单极性、占空比 50%、相位不同的方波信号。

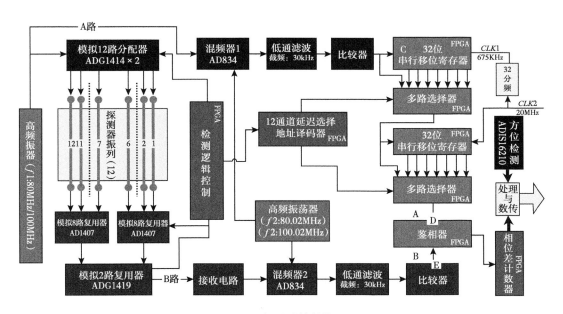

图 4-2　仪器总体结构图

（4）数字延时线：实际 12 支传感器难免存在差异，为了保证 12 支传感器在持水率为 0 的原油介质中具有相同的相移，设计了数字延迟线。当 12 支传感器都在原油介质中时，针对来自 B 路的每一个传感器信号，调整 A 路信号（C 处）经过的数字延迟线进行最佳延迟，使 12 路传感器在持水率为 0 的原油介质中传输的信号相对于 A 路经过的延时之后的信号（D 处）都具有相同的延时。

（5）逻辑控制模块：基于 FPGA 器件，产生仪器所需要的控制逻辑信号，主要包括形成分配激励信号到 12 个传输线传感器输入端的控制信号、复用 12 个传输线传感器输出端信号到相移检测接电路的控制信号、数字延时线的选通控制信号和鉴相计数器的计时信号。

（6）鉴相/计数器模块：比较鉴别 A、B 两路信号的相差（相位延时），并对相移延时时间计数。

（7）方位检测模块：提供阵列检测面相对于重力方向的三分量方位信息。

（8）处理与传输模块：对相移延时数据进行校正和归一化处理，通过通信接口上传地面。

4.3.2 基本时序

根据 4.1 节给定的技术指标，扫描频率为 10Hz，即每秒被等间隔划分为 10 个时间隙，每个时间隙对 12 个传感器通道依次进行一次扫描。分配给每个通道相位差采集时间为 8.333ms（100ms/12 通道）。在每道 8.333ms 期间，按 100μs 为单位划分出 83 个间隔，其中前 3 个间隔作为通道切换稳定期，第 4 到第 67 一共 64 个间隔对通道进行 64 次相位差延时检测并累加，第 68 至第 83 间隔期间求 64 个相差累加值的平均值，作为本次该道检测结果，然后编排上传。基本时序如图 4-3 所示。

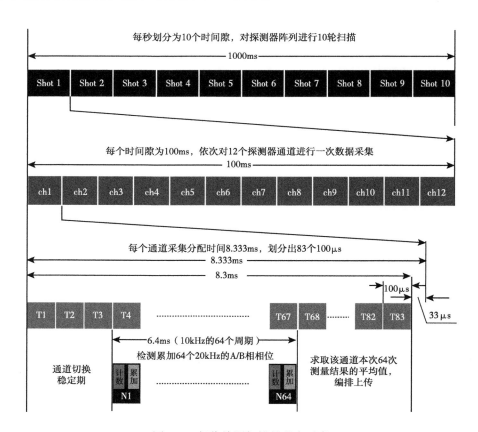

图 4-3　相位检测扫描的基本时序

4.4 仪器模拟部分电路设计

根据仪器的总体设计方案，仪器模拟部分电路由高频信号源、多路分配与多路复用模块、模拟信号调理模块三部分组成，电路原理如图 4-4 所示。为了获得稳幅高频激励信号，设计高频信号源，它由两组频率分别为 80MHz 和 80.02MHz 的高频正弦信号发生器组成。80MHz 信号源输出的信号作为传感器输入信号，80.02MHz 信号源输出信号则用于与传感器的输入和输出信号进行混频。两组信号源的电路结构相同，由高频晶振、跟随器、π型带通滤波器和放大器四部分组成。由于井下电路工作在高温环境下，两路高频信号源应具有较低且相对一致的温度漂移特性，不同的是高频晶振的频率和带通滤波器的中心频率不同。

多路分配器是在阵列传感器的输入端将来自 80MHz 高频信号源输出信号依次分时分配给 12 路传感器，多路复用器是在阵列传感器的输出端将 12 路传感器的输出依次分时复用到同一路上。12 路多路分配器由两片型号为 ADG1414 的多路选择器组成。ADG1414 是一款多路开关，将其一端并联应用形成多路分配器。输入直接接 80MHz 的高频信号源，输出分配到 12 个传感器。12 路多路复用器由 2 片双 8 选 1 的多路选择开关 ADG1407 组成。

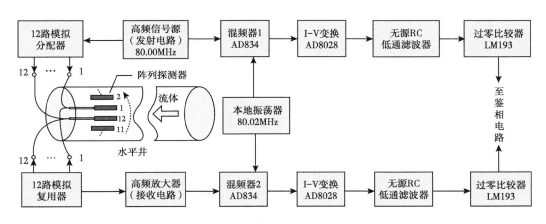

图 4-4　仪器模拟部分电路原理图

模拟信号调理模块由两组模拟信号混频、低通滤波和过零比较整形电路构成，其功能是将传感器两端的 80MHz 的正弦信号分别与 80.02MHz 的正弦信号混频和低通滤波，输出 20kHz 的差频信号，再经过零比较器后变成占空比为 50% 的 20kHz 方波。模拟信号调理模块核心器件是混频器，采用 ADI 公司生产的 AD834 芯片。这是一款电流型输出芯片，需要通过 AD8028 对其输出进行 I-V 变换，获得上下两路正弦电压信号。然后通过截止频率为 30kHz 无源 RC 低通滤波器，滤除混频后的和频分量，保留其差频分量。最后经过零比较器，获得两路占空比 50% 的方波脉冲送至后面的鉴相电路，比较二者之间的相移延时。

4.5 仪器逻辑控制部分电路设计

4.5.1 通道采集控制器

通道采集控制器是检测控制逻辑的一部分，用于产生每一道相差检测的逻辑控制信号。通道采集控制器设计的基本思路是：通道每次采集时间为 8.333ms，将其分为采集 T_A 和处理 T_C 两个阶段，在 T_A 时间段完整地采集一路的 N 个 A 路和 B 路的相差，求其平均值，作为该通道本次测量的相差。由于 A 相脉冲与系统时钟并不同步，因此要从 T_A 时间段划分出 N 个完整且与 A 相脉冲同步的时间片用于 A 相和 B 相的相差统计。时序关系如图 4-5 所示。

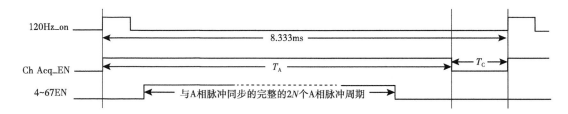

图 4-5　通道采集控制器的信号时序

通道采集控制器电路原理如图 4-6 所示。由道采集使能触发器、7 位道采集时长计数器、7 位 A′ 脉冲个数计数器和相应的译码器组成。在系统复位 RESET 作用下通道采集使能信号 Ch Acq_EN=0，两个计数器清零，且计数未使能。当接收到采集命令时（120Hz_on=1），触发器在 120Hz 时钟作用下翻转，Ch Acq_EN=1，两个计数器同时开始计数。不同的是 7 位道

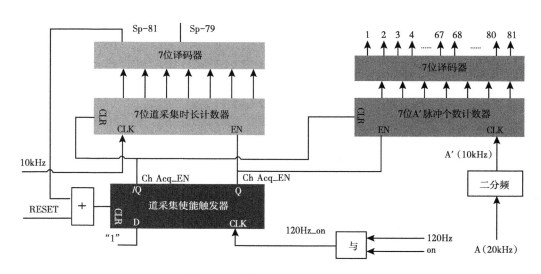

图 4-6　通道采集控制器电路原理

采集时长计数器的计数时钟为系统的 10kHz 时钟，而 7 位 A′ 脉冲个数计数器的计数时钟
为 A 路 20kHz 时钟经二分频后得到的 10kHz 脉冲 A′，也就是说 A′ 脉冲个数计数器的输
出是与 A 相脉冲同步的。

当 7 位道采集时长计数器计到第 81 个时钟时，Sp-81 为高电平，对道采集使能触发器
和清零，Ch Acq_EN 返回 0，两个计数器同时清零且停止计数使能，等待下一个 120Hz 的
时钟到来，开始新一轮计数。Ch Acq_EN 高电平的持续时间大于 80 个 10kHz 的时钟周期，
小于 81 个 10kHz 的时钟周期。在此期间，由 7 位 A′ 脉冲个数计数器的译码结果控制，取
其中的 N 个 A′ 时钟周期（$N < 80$）（或 $2N$ 个 A 时钟周期）计算 A 和 B 两相的 N 个相差，
即当 A′ 脉冲个数计数器计数值 k 满足 $i \leq k < i+N$（$i+N < 80$）时，进行 A 和 B 两相 N 个
相差统计。时序关系如图 4-7 所示。

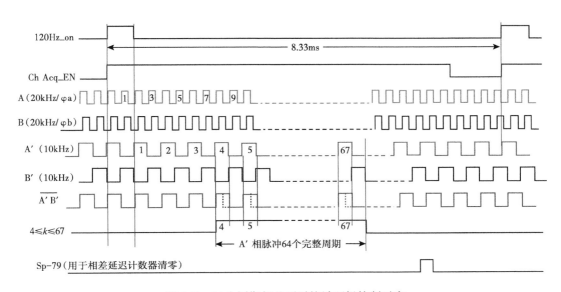

图 4-7　64 个周期相差延时统计逻辑控制时序

4.5.2　基于统计平均的缓冲器

根据实际工程需求，将传感器扫描的频率设计为 10 次 /s，即每个传感器采样间隔为
0.1 秒，这样的速度足以描述井筒中流体的持水率变化信息。对于采集电路而言，每个传
感器的计数值和三轴方位信息用 2bit 来表示，由此产生的数据量为 2400bit/s。对于数据传
输电路来说，其通信方式采用应答机制，数据读取命令的发起者来自井下数据传输短接，
命令产生的频率为 mHz，即每测量通道的访问时间间隔为 $1/m$ 秒，这是由数据传输短接
的工作时序决定的。为了实现阵列持水率仪器与数据传输短接的适配，在原短接的数据传
输协议的基础上扩展了 12 个通道和 3 个方位命令字。阵列持水率仪器每收到一个命令字，
返回 2bit 的数据作为应答，其数据量为 16m bit/s（2×8×m）。由此可见，井下数据的产生速

率大于电缆数据传输的速率。为了充分利用采集的信息，并与电缆数据传输的速率匹配，设计基于统计平均的缓存器，如图 4-8 所示。

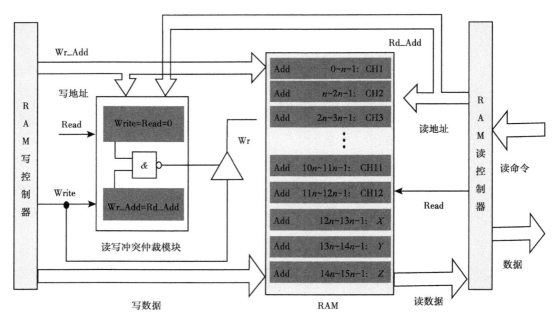

图 4-8　基于统计平均的缓存器原理图

在 FPGA 内部生成 1 片宽度为 16 位、深度为 15n 的异步 RAM，其中每连续 n 个地址定义为一个特定通道的存储单元。例如：地址 0~n-1 仅用于存储持水率通道 1 的采样值，地址 n~2n-1 则用于存储持水率通道 2 的采样值，依次类推。与常规缓存器不同的是，在第 1 轮写数据周期，RAM 写控制器向基地址为 0、偏移地址以 n 为模的 15 个地址 0，n，2n，…，14n 中分别写入持水率计数值和方位值；在第 2 轮写数据周期，基地址加 1，偏移地址不变，写地址更新为 1，n+1，2n+1，…，14n+1；如此递增，在第 k（1 < k ≤ n）轮写数据周期，基地址为 k，写地址变为 k-1，n+k-1，2n+k-1，…，14n+k-1。在写数据周期超过 n 时，基地址清零，新的数据覆盖第 1 轮写入 RAM 缓存区的数据，上述写数据流程重复，如此循环，周而复始。各通道的前 k 个地址中始终存储着距离当前时刻最近的 k 次采样值。

在读取数据时，RAM 读控制器根据读命令解析得到对应的通道，在 k 个时钟周期内，按照通道地址将 k 次采样值依次读出，取平均值后将该值传递到数据发送模块。根据系统对数据平滑滤波的要求，k 可以取 1~n 中的任意整数。为了避免缓存器的读写冲突，设计了读写冲突仲裁模块。当出现读写冲突时，读的优先级高于写的优先级，放弃当前写动作，确保读数据准确无误。因此，缓存器不仅协调系统的采集和传输的速度差异，而且还对采样的数据进行平滑滤波处理，进一步提高了数据的稳定性。

4.6　阵列探测面三轴倾斜测量

　　为了对传感器阵列提供的持水率信息进行解释评价，需要提供阵列探测面的三轴相对于水平面的倾斜信息。如图 4-9 所示，其中 X、Y、Z 分别为探测面 x 轴、y 轴、z 轴与理想水平面的夹角。

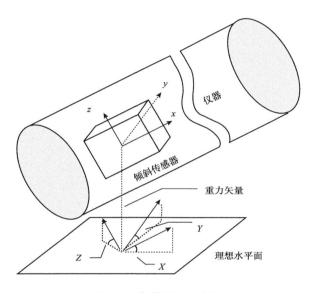

图 4-9　倾斜测量示意图

　　三轴倾斜测量采用 ADI 公司生产的三轴倾斜计 ADIS16210。ADIS6210 是一种数字测斜器件，将 MEMS（微电子机械）三轴加速度传感器与信号处理、可寻址、数据采集、SPI 兼容串行接口等技术结合，提供在整个 $\pm 180°$ 全方位的倾斜和转动角度的精确测量。

　　ADIS16210 采用铝壳封装，便于与平台紧密耦合，以获得优良的机械稳定性；采用内部时钟驱动数据采集系统，删除了对外部时钟的需求；采用 SPI 接口和数据缓冲结构，实现检测数据的方便存取和配置控制。功能框图和外形封装如图 4-10 所示，其中，a_x，a_y，a_z 分别为与 x 轴、y 轴、z 轴所成的角度，分别指仪器的俯仰角、翻滚角和与水平面的夹角。

　　APIS16210 是一款无需用户初始化的自动系统。一旦连接到正确的电源，自动初始化，并开始采集、处理、装载数据到输出寄存器。当使用厂家缺省的配置时，DIO1 提供一个数据准备信号，可作为中断请求。SPI 接口使该器件与硬件电路的数传与处理模块简单集成，如图 4-11 所示，引脚说明见表 4-1。

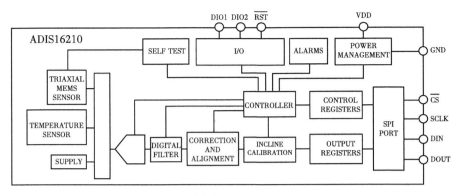

（a）功能框图

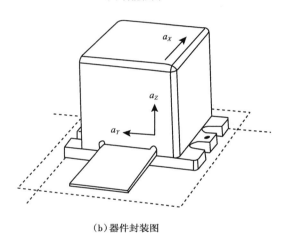

（b）器件封装图

图 4-10 ADIS16210 的功能框图和器件封装图

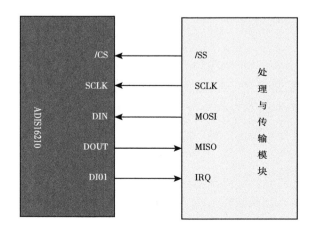

图 4-11 ADIS16210 连接图

表 4-1　处理与传输模块与 ADIS16210 引脚说明

处理与传输模块		ADIS16210	
引脚名	功能	引脚名	功能
/SS	片选信号 (O)	/CS	片选信号 (I)
SCLK	串行时钟 (O)	SCLK	串行时钟 (I)
MOSI	主控输出 (O)	DIN	被控输入 (I)
MOSO	主控输入 (I)	DOUT	被控输出 (O)
IRQ	中断请求 (I)	DIO1	数据准备 (O)

4.7　阵列持水率仪器实现与功耗温度特性测试

4.7.1　阵列持水率仪器实现

基于仪器的总体方案和各模块的设计，研发阵列传输线相移持水率检测电子仪器。阵列持水率仪器中的电路板分为两块，如图 4-12 所示。图 4-12（a）为高频信号发射接收板，主要由温补晶振、LC 滤波电路、多路分配器、多路复用器、混频器等组成；图 4-12（b）为信号处理与通信板，主要由 FPGA 最小系统、通信调制解调电路、三轴倾斜检测电路组成。电路板卡已经经过 175℃、10 小时的高温老化实验。

（a）高频信号发射接收板

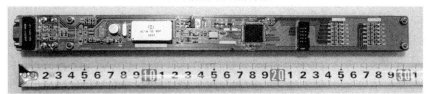

（b）信号处理与通信板

图 4-12　阵列传输线相移持水率检测仪器中的电路板

研制开发的仪器样机如图 4-13 所示。仪器总长为 2016mm，其中部为 12 支弹簧片固定的 CPW 型持水率传感器阵列；当弹簧片收拢时，仪器直径为 43mm，可保证在下井模式时顺利经过油管下井；当弹簧片张开时，仪器最大直径为 180mm 左右，可保证处于工作模式时，在弹簧片的张力作用下传感器紧贴套管内壁。为了有效保护电子线路部分不受井下高压的损坏，在电子线路与传感器的连接处采用带承压功能的过线密封装置，即有效地传递了信号，又有效地隔离了二者之间的压力差。

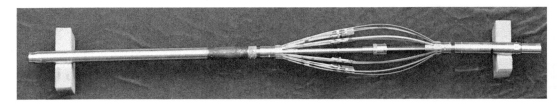

图 4-13　阵列持水率仪器实物图

4.7.2　仪器的功耗测试

为了测试仪器的功耗，将仪器中电路板放置在烘箱中加热。从 10℃ 开始每隔 20min 升温一次，直到升温至 170℃，并且在此温度下持续工作 4 小时。记录不同温度下可跟踪直流电源的电流值（精度 10mA），并计算仪器的功耗。实验数据如图 4-14 所示。仪器的功耗随温度升高而增大，这是因为电子元件中的杂散电流随之增大的原因。在整个加温过程中仪器电路板工作正常，并且在 170℃ 时的功耗为 2.4W，仅为 10℃ 时的 1.12 倍，这说明：（1）仪器的功耗低；（2）仪器能够在高温下持续工作，具有良好的温度性能。

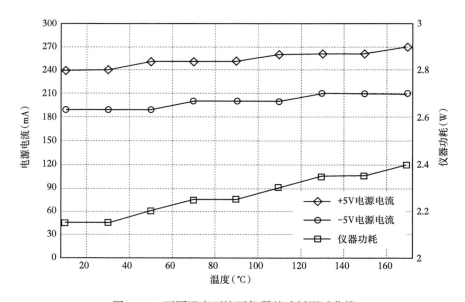

图 4-14　不同温度环境下仪器的功耗测试曲线

4.7.3 仪器检测通道的温漂测试

随着温度的升高，仪器中各信号通道会发生温度漂移。当两路信号通道的温漂不一致时将导致两路高频信号的相对相移发生改变，其产生的相位延迟会叠加到对应通道的传感器相移上，进而引起测量误差。为了测试各检测通道的温漂特性，用同一种规格的同轴射频传输线代替真实的传感器。然后将传输线连同电路板一起放置在烘箱中加热，记录不同温度下各通道的计数值。实验结果见表4-2。

表4-2 12通道的相差温漂实验数据

通道号	1#	2#	3#	4#	5#	6#	7#	8#	9#	10#	11#	12#
10℃计数值	130	131	129	130	127	128	130	130	138	129	141	136
30℃计数值	131	131	129	130	127	129	131	131	138	129	142	137
50℃计数值	132	132	130	132	128	132	131	133	139	131	144	137
70℃计数值	132	133	132	133	129	132	132	133	141	133	145	138
90℃计数值	132	133	133	134	130	133	132	134	142	133	145	139
110℃计数值	133	134	133	135	132	133	134	136	142	134	145	140
130℃计数值	133	135	134	136	133	134	134	138	143	135	146	140
150℃计数值	135	138	135	139	134	135	137	141	143	137	147	142
170℃计数值	137	140	137	141	137	138	140	144	146	138	150	145
相差温漂计数值	7	9	8	11	10	10	10	14	8	9	9	9
相差温漂百分比（%）	0.9	1.2	1.1	1.5	1.3	1.3	1.3	1.9	1.1	1.2	1.2	1.2

表4-2说明，随着温度的升高，各通道的计数值呈增加趋势，相对于传感器在油水中的相差动态计数的最小值（740），温度引起的最大漂移为1.9%。由此可见，各通道的温漂较小（总体误差控制在±5%以内），具有较好的稳定性。

4.8 小结

针对阵列持水率仪器测井需求，本章拟定了基于传输线信号相移的阵列持水率检测仪器的基本技术指标，阐述了仪器检测的基本原理，进行了仪器的总体方案设计，完成了阵列持水率检测仪器的开发。主要结论如下：

（1）针对高频信号相移检测的难点，通过对传感器传输线输入与输出的两路高频信号相对于另一频率相近高频信号差频，在二者绝对相差不变的条件下大大降低了两路信号的频率，从而解决高频信号皮秒级相移延时检测难题，提高了相移测量的精确性。

（2）为了提高 12 路信号通道的一致性，设计了对称式结构电路，采用多路分配与多路复用技术，实现多传感器复用一组信号激励源和相移检测电路，从而减少产生非一致性的因素。

（3）为了获得井下仪器的姿态方位，采用数字式倾斜传感器测量阵列探测面的三轴相对于水平面方向的倾斜夹角，为测井资料的解释评价提供了传感器阵列面的方位信息。

（4）仪器的整体技术指标达到了设计的要求。

5 温度和矿化度对持水率测量的影响及其校正、反演方法

基于传输线信号相移检测持水率是基于持水率—介电常数—传输线上信号相移三者之间的单调关系，通过测量在传输线上信号产生的相移实现持水率检测的。但在工程实际中，温度的变化、地层水矿化度的存在和变化都会引起被测流体的介电常数和电导率的变化。即便在流体持水率不变的情况下，由式（2-30）可知，温度和矿化度的变化使介电常数和电导率发生变化，也会导致传输线上的相移发生改变，从而引起测量误差。尽管前面通过提高激发信号的频率，探测器表面涂覆绝缘材料等措施来减小这些因素对测量结果的影响，但是要彻底消除上述因素引起的误差是不现实的。本章通过理论分析、数值模拟和实验来分析研究温度、矿化度的影响，进而从信号处理的角度寻求一种校正方法，补偿校正温度、矿化度对测量结果的影响。

5.1 温度和矿化度对油水介质电学参数的影响

5.1.1 温度对油水介质的介电常数的影响

在实际测量环境中，油水混合介质的介电常数是随温度变化的。通常认为，油的介电常数受温度的影响较小，一般在 2.2~2.5 范围内变化，常取 2.2；而水的介电常数受温度的影响较大，二者呈近似线性关系，见表 5-1。

表 5-1　不同温度条件下水的相对介电常数

温度 t（℃）	10	20	30	40	60	80	100
ε_{rw}	83.8	80	76	73	66.8	61.0	55.7

表 5-1 中 t 与水的相对介电常数 ε_{rw} 之间的二次最佳逼近式为

$$\varepsilon_{w} = 91.1238 - 0.5077t + 0.0015t^2 \tag{5-1}$$

将式（5-1）代入式（3-45）中，即可得到不同温度下油水混合介质的等效相对介电常数与持水率的关系，数值模拟结果如图 5-1 所示，随着持水率的增加，其相对介电常数单调上升，且温度越低上升越快。换句话说，即便同一持水率的油水混合流体，温度越低，其等效介电常数越大。因此，当采用传输线信号相移法检测持水率时，温度引起的流体介电常数变化将导致持水率的变化，从而引起测量误差。

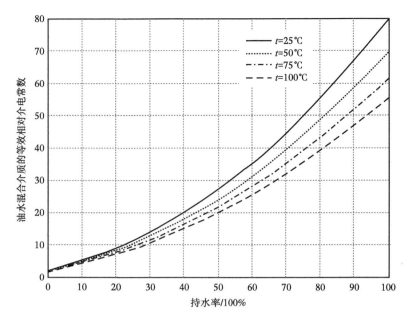

图 5-1　不同温度环境中油水介质的等效相对介电常数与持水率的关系

5.1.2　温度对油水介质的电导率的影响

为了研究温度对油水混合介质的电导率的影响规律，分别配制持水率为 90%、矿化度为 5000mg/L 和持水率为 70%、矿化度为 2000mg/L 两种油水样品，记为样品 1 和样品 2。利用电导率仪记录下两种样品在不同温度下的电导率，如图 5-2 所示。

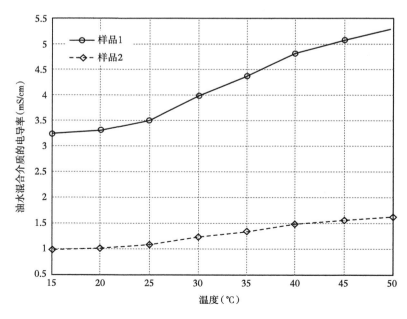

图 5-2　不同温度下油水混合介质的电导率

实验结果表明，两种样品的电导率均随着温度的升高而增大。其影响机理可解释为含盐的油水混合介质中存在一定数量的载流离子，温度的升高会加快介质中离子的运动，从而导致溶液的电导率增加。

5.1.3　矿化度对油水介质的介电常数的影响

地层水中含有大量盐分和可溶矿物质，不同地区的矿化度相差较大。不同矿化度下水溶液的相对介电常数见表5-2。

表 5-2　盐、水及盐水溶液的相对介电常数

项目名称	氯化钠	蒸馏水	自来水	蒸馏水与 NaCl 配制溶液浓度		
				1.64%	3.23%	6.25%
相对介电常数	7.5	80	77.12	76.45	73.01	68.95

由此可见，对于油水混合介质，随着矿化度的升高，混合介质的相对介电常数将明显下降。因此，当采用传输线信号相移法检测持水率时，即使油水混合介质的持水率没有变化，由于矿化度引起的介电常数的变化也会导致持水率的变化，从而带来测量误差。

5.1.4　矿化度对油水介质的电导率的影响

利用柴油和水配制 100%、80% 和 60% 三种不同持水率的油水样品，利用搅拌器将其搅拌均匀，并依次投入一定质量的氯化钠颗粒以获得不同矿化度的实验样品，利用电导率仪测量溶液的电导率，实验数据见表5-3。

表 5-3　三种持水率、不同矿化度的油水混合样品的电导率实测数据

矿化度（mg/L）		0	1000	2000	5000	8000	10000	50000	80000
油水混合样品的电导率（mS/cm）	100%	0.19	1.18	2.12	4.66	6.80	8.10	23.00	28.70
	80%	0.14	0.87	1.41	2.85	4.36	5.63	11.71	24.09
	60%	0.07	0.63	1.02	2.62	4.01	4.93	17.05	23.70

根据表 5-3 中实验数据，绘制图 5-3 所示不同持水率油水样品的电导率与矿化度关系曲线。图 5-3（a）给出了电导率与矿化度的二次拟合函数和曲线，说明二者在矿化度 $0 \sim 8 \times 10^4$mg/L 范围呈抛物线关系。图 5-3（b）是图 5-3（a）中绿色圆圈的放大图，它表明在矿化度 $0 \sim 1 \times 10^4$mg/L 范围内，电导率与矿化度呈良好的线性关系，以持水率 60% 的一元线性回归方程为例，其相关系数 $R^2 = 0.9992$，可见二者具有显著线性相关性。因此，油水混合介质的电导率与矿化度之间存在单调递增关系，矿化度越大，电导率也越大。

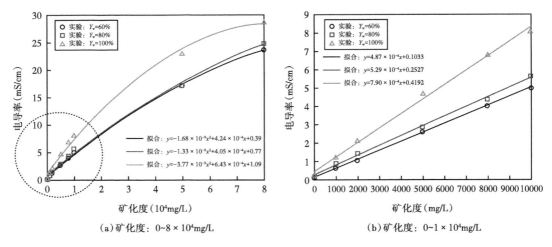

（a）矿化度：0~8 × 10⁴mg/L　　　　（b）矿化度：0~1 × 10⁴mg/L

图 5-3　不同持水率下流体电导率与矿化度的关系

　　根据以上的讨论，可以得到如下结论：（1）当持水率一定时，温度对油水介质电学参数的影响规律是随着温度的增加，一方面引起油水混合介质介电常数降低，另一方面导致电导率增大；（2）当持水率一定时，矿化度对油水介质电学参数的影响规律是油水混合介质的介电常数随矿化度的增加而降低，油水混合介质的电导率随着矿化度的增加而增大。

5.2　矿化度对持水率测量的影响

　　迄今为止，温度和矿化度与油水混合介质的介电常数和电导率之间的关系仍然是根据实验数据而建立的。尽管如此，上述研究结果表明，在持水率不变的条件下，矿化度的增加，一方面将引起油水混合介质的电导率增加，导致传输线的单位电导 G 的增加；另一方面又会引起油水混合介质介电常数减小，导致传输线的单位电容 C 的减小。从式（2-45）和式（2-46）可知，G 和 C 的变化会直接影响传输线上信号的衰减和相移，其中，G 的增加分别引起 α、β 的增大，C 的减小又会引起 α 增大和 β 的减小。两项比较，矿化度增加引起 G 的增大，导致 α 和 β 的增大呈主导地位。从式（2-30）可知，传输线上信号的 φ 与 α、β 之间是一个复杂的多元非线性函数关系，单从表达式上无法直接判断矿化度的增加究竟会引起 φ 的偏大还是偏小。因此，要分析矿化度对持水率测量的影响，还需要通过数值模拟的方法，进一步研究当矿化度变化时，油水介质的等效介电常数和电导率对 φ 的影响规律。

5.3　矿化度对持水率测量影响的数值模拟

　　为了分析矿化度对持水率测量的影响，以共面微带传输线传感器为例进行数值模拟。

假设油水介质的电导率和相对介电常数分别在 0~10mS/cm 和 2~80 范围内变化，将 CPW 传感器的结构参数表（表 3-1）和材料参数表（表 3-2）代入式（2-30），数值模拟结果如图 5-4 所示。

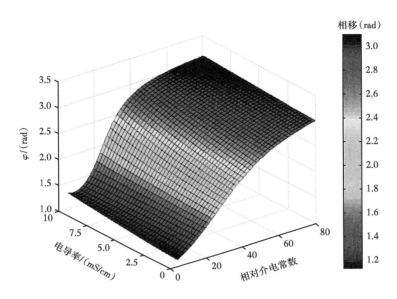

图 5-4　信号相移与介质电导率和相对介电常数的关系

图 5-4 表明，产生在 CPW 传感器两端的信号的相移不仅与油水介质的相对介电常数有关，而且还与介质的电导率有关：对于相对介电常数一定（即持水率一定）的油水介质而言，电导率越大，相移越大。油水介质的电导率与其矿化度是单调递增的关系。因此，在持水率测量的过程中，矿化度一定会带来相移计数误差，从而影响持水率的准确测量。

尽管传输线上信号相移的数学关系是明确的，但是在工程中获取传输线的准确分布参数是困难的。例如锥形螺旋传输线与共面微带传输线相比，由于形状的特殊性，其分布参数的表达式就更加难以获取。如果考虑温度的影响，这些模型就更加复杂。因此，根据持水率的相移计数模型来进行矿化度校正和持水率反演的方法是不可行的。要进一步分析矿化度对持水率测量的影响，寻找实用的校正反演方法，还需开展相应的实验研究。

5.4　温度和矿化度对持水率测量影响的实验研究

5.4.1　实验样本和温度的选定

为了系统地测试在不同矿化度条件下油水混合样品的矿化度级别和实验温度，确定如下：根据被测样品在矿化度小于 1000mg/L 时对持水率计数影响明显、在矿化度大于 10000mg/L 后对持水率计数影响基本趋于稳定的特点，分别选取 0、1000mg/L、2000mg/L、

5000mg/L、10000mg/L、20000mg/L、50000mg/L、80000mg/L 共计八种矿化度；测量温度设定为常温、30℃、50℃和70℃。

5.4.2　实验装置

　　根据实验要求，设计如图 5-5 所示实验装置。该装置主要由油水混合容器、搅拌器、油水测量容器、温度控制器、加热管、循环泵、探测器、检测电路等多部分组成。其中，油水混合容器中安装了搅拌器，用来获得搅拌均匀的油水样品，循环水泵将搅拌均匀的油水样品泵入测量容器中。为了使测量的数据具有可比性，测量容器中安装了两支相同规格的锥形螺旋传输线传感器。

　　实验装置的温度测控系统可实现温度的实时显示与控制，可以模拟不同温度、不同矿化度和不同持水率的井下两相流环境。

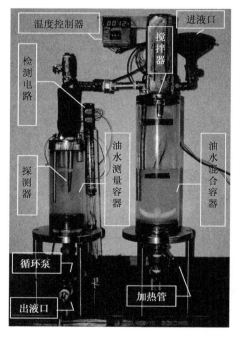

图 5-5　实验装置实物图

5.4.3　实验数据的采集、处理与分析

5.4.3.1　常温零矿化度实验

　　为了测试温度和矿化度对传感器计数值的影响，实验首先在常温（20℃）、矿化度为 0 的条件下进行。选取持水率 0~100%，间隔单位为 5% 的样品 21 份，测试两支锥形螺旋传感器在不同样本的计数值。为了使两支传感器的数据具有可比性，将绝对相移计数值 N_x 转换为归一化相对相移计数 N_{px} 百分比（以下简称计数百分比），即：

$$N_{px} = \frac{N_x - N_o}{N_w - N_o} \times 100\% \tag{5-2}$$

式中 N_o——传感器在全油下的计数值；

N_w——全水下的计数值。

表 5-4 给出了两支传感器的实验结果，重复实验曲线如图 5-6 所示。

表 5-4 在矿化度为 0 和不同持水率条件下两支传感器的实验结果（归一化相对相移）

持水率（%）	0	5	10	15	20	25	30	35	40	45	50
1 号传感器计数百分比（%）	0.00	2.60	2.70	4.30	5.80	7.80	8.30	34.00	47.00	52.00	56.00
2 号传感器计数百分比（%）	0.00	2.10	2.50	4.10	5.60	8.60	9.00	42.00	51.00	60.00	60.00
持水率（%）	50	55	60	65	70	75	80	85	90	95	100
1 号传感器计数百分比（%）	56.00	65.00	79.00	80.00	84.00	85.00	88.70	89.00	92.50	97.00	100.00
2 号传感器计数百分比（*）	60.00	69.00	74.00	81.00	85.00	86.00	89.00	89.00	91.50	96.00	100.00

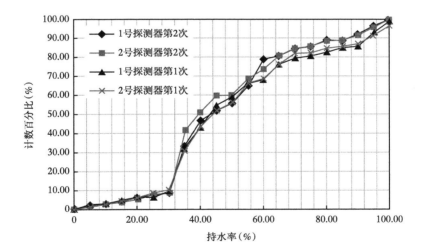

图 5-6 在矿化度为 0 和不同持水率条件下两支传感器计数百分比的实验曲线

矿化度为 0 实验表明：（1）在从油到水的全量程段，传感器的计数百分比与持水率单调递增：在持水率 0~30% 及 80%~100% 的范围内，二者具有较好的线性关系；在其余范围内，传感器的计数百分比与持水率呈非线性关系；（2）同一传感器两次试验的结果基本一致，具有较好的重复性；（3）两种传感器在高低持水率段灵敏度相当，持水率在30%~65% 区间灵敏度较高，从整体上来看，两种传感器在高、中、低区间保持相对一致的灵敏度，具有较好的一致性。

5.4.3.2 不同温度、矿化度和持水率条件下实验

设置实验温度为 30℃，选取持水率变化范围 0~100%、间隔单位为 10% 的样品 11 份，通过加入不同质量的氯化钠来获得不同持水率、不同矿化度的实验样本，依次记录传感器在实验样本中的计数值，代入式（5-2）得到归一化的相对相移计数百分比，结果如图 5-7 所示。

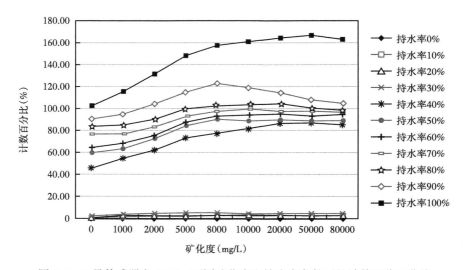

图 5-7　1 号传感器在 30℃、不同矿化度和持水率条件下的计数百分比曲线

从图 5-7 可见：（1）当持水率不大于 30% 时，传感器的计数百分比几乎不受矿化度的影响。这种现象与油水两相混合物的相态有关，此时油水两相流为"油包水"的状态，水泡中的导电离子被油分隔开，不能形成传导电流，因此对传感器的计数结果影响较小。（2）持水率为 40%~60% 样品的计数值随矿化度的增加而单调增加，产生这一现象的原因是油水混合流体的电导率影响占主导因素，导致传感器的计数值偏大；持水率为 70%~90% 样品的计数值呈现先增大后减小的规律，这与高矿化度下油水的滑脱有关：因为矿化度越高，油与盐水的相对密度差别越大，滑脱现象越严重；持水率为 100% 样品在矿化度为 0~50000mg/L 时呈单调递增趋势，50000~80000mg/L 时略有减小，矿化度引起的最大绝对误差达到了 65.9%。（3）持水率在 30%~40% 之间是油水相态发生转变的临界区域，在外界的扰动下，此时油水的混合状态会在"油包水"和"水包油"之间交替变化，传感器在这一区间计数值发生跳变，图中曲线之间较大的空白区域说明了这一现象。（4）尽管矿化度的增加会导致相移计数发生偏移，但与电容式持水率传感器在高矿化度检测动态减小不同，在任一矿化度条件下，持水率从 0% 至 100% 的之间相移计数动态没有减小。

实验样本的持水率分级和矿化度分级不变，将实验温度分别升高至 50℃ 和 70℃，依次记录计算出在每个温度环境下传感器在不同持水率、矿化度的实验样本中的相对相移计数百分比，结果如图 5-8 和图 5-9 所示。

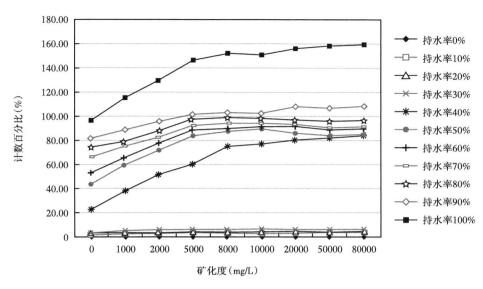

图 5-8　1 号传感器在 50℃、不同矿化度和持水率条件下的计数百分比曲线

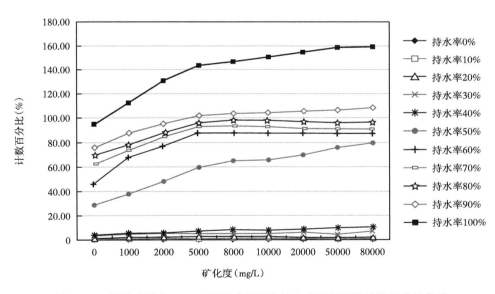

图 5-9　1 号传感器在 70℃、不同矿化度和持水率条件下的计数百分比曲线

对比图 5-7 至图 5-9，不难发现：（1）随着温度的升高，持水率为 70%~90% 样品的曲线变化趋势从先增后逐渐减过渡到单调递增的变化趋势，说明油水的滑脱效应逐渐减弱；（2）相比 30℃ 和 50℃ 条件下的实验结果，持水率为 40% 的计数值在温度为 70℃ 时下降最为明显，这与温度越高，油水介质的介电常数越低的影响规律有关。为了进一步说明这一结论，以下给出不同温度下，同一矿化度和持水率的相移计数对比柱状图，如图 5-10 至图 5-12 所示。

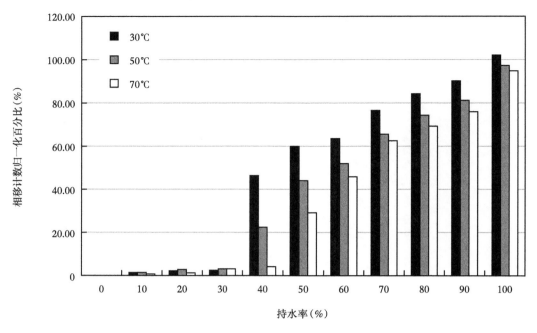

图 5-10　在矿化度为 0 条件下，三种温度环境下不同持水率与相移计数归一化百分比对比图

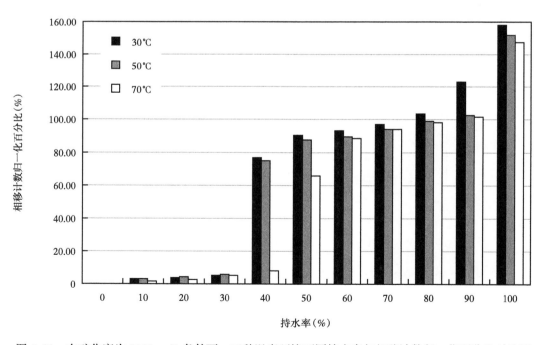

图 5-11　在矿化度为 8000mg/L 条件下，三种温度环境不同持水率与相移计数归一化百分比对比图

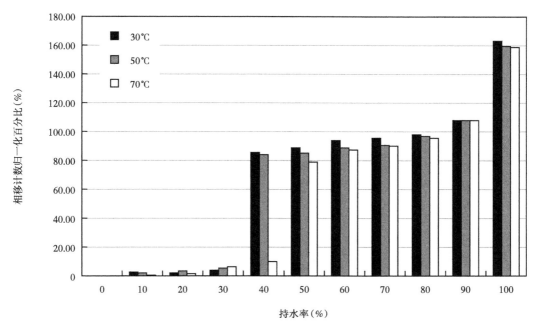

图 5-12 在矿化度为 80000mg/L 条件下，三种温度环境下不同
持水率与相移计数归一化百分比对比图

图 5-10 至图 5-12 表明：（1）当持水率不大于 30% 时，传感器的计数。归一化百分比与温度之间未呈现明显的单调关系，这与温度对水和油的相对介电常数的影响差异有关：油的相对介电常数一般不随温度的变化而变化，水的相对介电常数随温度的增加而减小。因此，在低持水率时，水所占的比例偏小，油水混合物的等效介电常数表现为对温度不敏感。（2）持水率为 40% 时，温度的影响最为剧烈，这与该持水率下油水相态的转换有关，此时表现为油水混合物的等效介电常数对温度非常敏感。（3）随着混合物中水所占比例的增加，当持水率不小于 50% 时，温度的增加会导致相对相移减小，但远没有持水率为 40% 时明显。

5.4.4 结论

（1）矿化度的增加会导致油水两相流的电导率增大，也会引起其相对介电常数的改变。但当持水率不大于 30% 时，矿化度的增大对油水两相流等效介电常数影响并不大（原因是油和盐的相对介电常数相差不大），而且尽管矿化度的增大会导致水相的电导率增大，但由于水占比小，为非连续相，最终矿化度的增大对传输线传感器相移的影响不大。当持水率大于 30% 时，尽管矿化度增加会导致两相流等效介电常数减小，但由于水变为连续相，矿化度增加使油水两相流的电导率增大，对传感器相移的影响占主导地位，使其相移增大。

（2）温度的增大会导致油水两相流相对介电常数减小，电导率增大。实验结果表明：当持水率不大于 30% 时，温度的增加对传输线传感器相移的影响不大，这是因为占比达 70% 及其以上的油的相对介电常数的温度系数很小，占比不超过 30% 的水相又未能形成连续相；当持水率大于 30% 时，尽管温度的增加会导致油水两相流电导率的增加，使传输线传感器相移增大，但相对于温度的增加导致油水两相流相对介电常数的减小使传输线传感器相移减小而言，其贡献要小，最终表现为随着温度的增加，传输线传感器相移减小。

（3）实验结果表明：与电容持水率传感器随着矿化度的增加持水率全程段动态越来越小不同，尽管随着矿化度的增加传输线传感器相移会增大，但持水率全程段的相移动态并没有减小，反而还还有所增大，尤其是在大于 90% 的高持水率阶段。这就为后续进行矿化度影响的补偿校正后达到同样的测量精度提供了保证。

（4）对于基于被测流体电学物理参数的测量方法而言，其测量结果一定会不同程度地受到温度和矿化度的影响。在油水两相流持水率检测时，由于温度和矿化度对传输线传感器相移的影响是一致的。因此，在实际生产中，地下油井的矿化度通常是预先已知的或者可以通过在线测量的，只要在同样矿化度条件下持水率全程段相移动态不减小，不论是通过模型数值反演，还是通过样本集刻度，都可以建立相应的校正反演模型，减小温度和矿化度的影响，将相移反演为持水率。

5.5 基于 BP 神经网络的温度、矿化度校正和持水率反演

5.5.1 持水率的反演方法分析

基于本章前四节的分析研究，工程实际中传输线信号相移持水率检测仪的测量关系可以表示为图 5-13（a）所示的正演模型，即测量的相移是持水率、温度和矿化度的函数。为了消除或减小矿化度和温度对测量结果的影响，并将相移反演为持水率，需要根据测量的相移，结合实测的环境的温度和被测流体中地层水的矿化度进行反演，获得实际的持水率值，其反演模型如图 5-13（b）所示。

（a）正演模型　　　　　　（b）反演模型

图 5-13　持水率检测的正演和反演模型

从理论上讲，基于式（2-30）由传输线上的相移反演得到持水率是可行的，但这需要预先知道除介电常数以外的其他参数，如传输线的单位电感、被测流体电导及其相对温度和矿化度的函数关系，这在实际工程应用中是非常复杂而不方便，因此不可行。

通常，一口油井在各深度的温度、矿化度是可以通过同时在线测量的。为此提出了基于 BP 神经网络的温度、矿化度校正补偿和持水率反演模型，其基本思想是：建立一个三输入（相移、温度、矿化度）、单输出（持水率）的多层 BP 神经网络，在不同温度、矿化度和持水率条件下采集一批传输线传感器相移作为训练样本，对 BP 神经网络进行训练。在其收敛后，获得该网络的最佳权向量，即可利用该网络对采集到的每组数据（相移、温度、矿化度）进行校正和反演。只要训练样本的代表性和完备性得到保证，就能获得相对准确的持水率。

5.5.2　基于 BP 神经网络的持水率反演模型

5.5.2.1　BP 神经网络的结构

BP 神经网络是一种单向传播的多层前向网络。它由输入节点、一层或多层的隐层节点、输出节点三部分组成。输入信号从输入节点依次传过各隐藏层节点，然后传到输出节点，每一层节点的输出只影响下一层节点的输出，同层节点间没有连接。图 5-14 给出了含两个隐层的 BP 神经网络，在此基础上进行推广可得到多层 BP 网络结构。

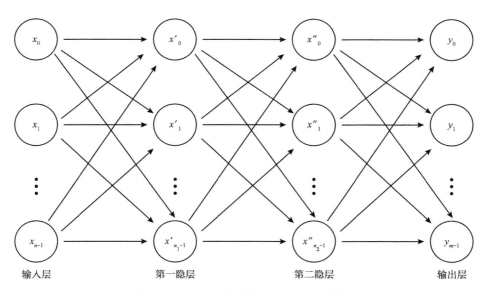

图 5-14　含两个隐层的 BP 神经网络结构

设左侧有 n 个输入矢量，$\boldsymbol{x} = (x_0, x_1, \cdots, x_{n-1})^{\mathrm{T}}$，$\boldsymbol{x} \in R^n$；第二层有 n_1 个神经元 $\boldsymbol{x}' = (x'_0, x'_1, \cdots, x'_{n-1})^{\mathrm{T}}$，$\boldsymbol{x}' \in R^{n_1}$；第三层有 n_2 个神经元 $\boldsymbol{x}'' = (x''_0, x''_1, \cdots, x''_{n-1})^{\mathrm{T}}$，$\boldsymbol{x}'' \in R^{n_2}$；输出有 m 个神经元 $\boldsymbol{y} = (y_0, y_1, \cdots, y_{m-1})^{\mathrm{T}}$，$\boldsymbol{y} \in R^m$。假设输入层与第一隐层的权为 w_{ij}，阈值为

θ_j；第一隐层与第二隐层之间的权为 w'_{jk}，阈值为 θ'_k，第二隐层与输出层的权为 w''_{kl}，阀值为 θ''_l，则各层神经元的输出满足：

$$\begin{cases} x'_j = f\left(\sum_{i=0}^{n-1} w_{ij}x_i - \theta_j\right) \\ x''_k = f\left(\sum_{i=0}^{n_1-1} w'_{jk}x'_j - \theta'_k\right) \\ y_l = \left(f\sum_{k=0}^{n_2-1} w''_{kl}x''_k - \theta''_l\right) \end{cases} \quad (5\text{-}3)$$

其中函数 f 满足式（5-4），为对数 S 形态。$f(u)$ 中的 u 是各层输出加权求和的值，BP 神经网络可实现 n 维空间向量对 m 维空间的近似映射。

$$f(u) = \frac{1}{1+e^{-u_j}} = \frac{1}{1+e^{-\left(\sum w_i x_i - \theta_j\right)}} \quad (5\text{-}4)$$

若近似映射函数为 F，$\boldsymbol{x}$ 为 n 维空间的有界子集，$F(\boldsymbol{x})$ 为 m 维空间的有界子集，该映射函数不是一个线性的，而是一个十分复杂的非线性函数，$y=F(x)$ 可计为

$$F: \boldsymbol{x} \in R^n \rightarrow \boldsymbol{y} \in R^m$$

为了获得神经元之间的连接权 w_{ij}、w'_{jk}、w''_{kl} 和阈值 θ_j、θ'_k、θ''_l（$i=0,1,\cdots,n-1$；$j=0,1,\cdots,n_1-1$；$k=0,1,\cdots n_2-1$；$l=0,1,\cdots,m-1$），通过 P 个真实样本集合 (x^1, y^1)，(x^2, y^2)，$\cdots$，(x^p, y^p) 的训练，使其映射获得成功。训练后得到的权值，对其他不属于 P 的 x 子集进行测试，其结果仍能满足正确的映射关系。

由于 F 函数的解并不是唯一的，因此，它的解具有一定的容错范围，这使得 BP 网络比线性阈值单元网络具有更大的灵活性。

5.5.2.2 基于BP神经网络的持水率校正反演模型

基于上述分析，设计基于 BP 神经网络的持水率校正反演模型。

第一，网络的输入层为三维特征向量，分别是温度 T（单位：℃）、矿化度 M（单位：mg/L）和传感器相对相移归一化百分比。

第二，由于网络的输出为校正反演后的持水率，因此网络输出层的节点个数为 1，即持水率。

第三，隐层数的确定。对 BP 神经网络而言，隐层数目的增加可以增强神经网络的处理能力，但会导致训练复杂化，从而增加网络的训练时间。在其他条件都相同的情况下，相比一个隐层的网络，含有两个隐层的网络在训练次数与时间上都要多。1988 年，Hecht Nielsen R 证明了对于任意有理函数都可用包含一个隐层的 BP 神经网络来逼近。因此，理论上一个三层的 BP 神经网络可以实现任意 N 维到 M 维的映射。此结论确定了设计 BP 神

经网络的基本原则，即在满足精度要求的前提下优先选择一个隐层，若不能满足再增加至两层。本章拟采用 2 层隐层神经网络进行持水率计算。

第四，确定隐层内节点数是 BP 神经网络设计中的一个重要环节，同时也是一个十分复杂的问题。事实上，如果隐层节点数太少，网络所能获取的信息量不够，不可能训练出网络；反之，若隐层节点数太多，不但会延长网络的训练时间，而且可能出现"过拟合"问题。迄今为止，尚未找到很好的解析式来解决这一问题，隐层节点数一般是根据前人的经验和针对具体问题的试验来确定的。确定隐层内节点数的主要方法有节点试凑法、节点增加法和节点缩减法。

设计中，采用节点试凑法确定隐层节点的数目，最终确定的两个隐层的节点数分别为20 和 40。最后确定的 BP 神经网络结构如图 5-15 所示。

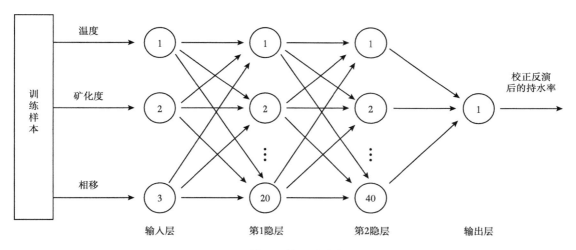

图 5-15　基于 BP 神经网络的持水率校正反演模型

5.5.3　模型的训练与测试

5.5.3.1　模型的训练方案

BP 算法的本质是利用误差对于权、阈值的一阶导数信息来调整下一步的权值的大小，以求得到误差最小。其模型训练方案如图 5-16 所示，其主要思想是通过比较校正反演后的持水率与真实持水率来获得二者误差，使用反向传播算法对网络的权值和偏差进行反复的调整训练，使输出的持水率与真实的持水率尽可能地接近，当网络输出层的误差平方和小于指定的误差时训练完成，保存网络的权值和偏差。BP 神经网络中常用的训练参数包括学习率 η 和收敛误差 E，这些参数设置对网络训练时的收敛速度和反演的准确性是非常重要的。η 过大可能导致网络不稳定，过小则可能引起收敛变慢，一般取 $0 < \eta < 1$。为了确保系统的稳定性，倾向于选取较小的学习率，实验中取为 $\eta = 0.15$。

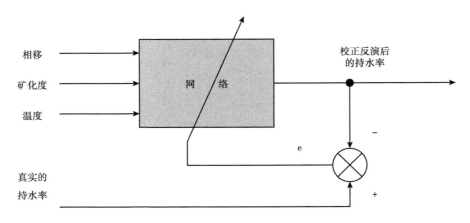

图 5-16　模型的训练方案示意图

E 是根据网络模型的收敛速度和具体样本的学习精度来确定。当 E 较小时，收敛速度慢，训练次数多，但学习效果好，反之亦然。对于持水率检测准确度而言，只要误差控制在 ±5% 以内即可满足实际工程需求。为了兼顾学习效果和工程需求，本章的 E 设置为 0.001。即在迭代计算误差值小于 1×10^{-3} 时，则认为学习完成，停止计算并输出结果。

5.5.3.2　样本集的设计

训练样本集是影响 BP 神经网络泛化能力的一个关键因素，样本的数量主要由网络的复杂程度和样本数据中的噪声两个因素决定。通常认为，当样本的数量增加时，起初网络的误差会急剧下降，但当样本的数量达到一定值后，数量对降低网络误差的作用会越来越小；样本数据中的噪声决定网络的映射精度。为达到一定的精度，要求样本数多，样本的数据噪声小。

对于持水率反演模型，精心地设计了实验方案，所采集的特定温度下不同矿化度和不同持水率的训练样本具有一定的代表性，几乎涵盖了实际测井的所有情况。因此，利用实验中采集的样本作为网络的训练样本具有一般性，具备良好的泛化能力。

5.5.3.3　网络的训练

使用图 5-7 至图 5-9 中的实测数据作为训练样本，一共 297 组，采用图 5-16 所示的方案进行训练，直到学习后的误差收敛到 $E=0.001$ 时为止。

5.5.3.4　测试与结果

另外采集两组温度为 40℃ 和 60℃，不同矿化度和持水率的实验样本作为测试样本。为了测试网络是否具有泛化能力，这些测试样本不在训练样本集合内，也就是具有同一规律的学习集合以外的数据，一共 44 组。将其送入已训练好的 BP 网络，在网络的输出端得到相应校正和反演后的持水率。两组温度测试样本的数据及校正反演后的结果见表 5-5 和表 5-6，图 5-17 给出相应对比曲线。

表 5-5 实测数据的反演结果与实际持水率（实验温度：40±2℃）

编号	矿化度（mg/L）	传感器计数值	实际持水率（%）	反演持水率（%）	绝对误差（%）	编号	矿化度（mg/L）	传感器计数值	实际持水率（%）	反演持水率（%）	绝对误差（%）
1	3000	840	50	52.5	2.5	12	15000	963	50	48.0	-2.0
2	3000	887	55	57.8	2.8	13	15000	991	55	54.5	-0.5
3	3000	920	60	63.8	3.8	14	15000	1009	60	59.4	-0.6
4	3000	941	65	67.1	2.1	15	15000	1018	65	62.0	-3.0
5	3000	971	70	71.9	1.9	16	15000	1038	70	67.6	-2.4
6	3000	998	75	76.1	1.1	17	15000	1057	75	72.5	-2.5
7	3000	1040	80	82.5	2.5	18	15000	1088	80	79.3	-0.7
8	3000	1047	85	83.5	-1.5	19	15000	1116	85	84.0	-1.0
9	3000	1101	90	90.1	0.1	20	15000	1164	90	89.7	-0.3
10	3000	1273	95	98.2	3.2	21	15000	1358	95	98.0	3.0
11	3000	1445	100	99.8	-0.2	22	15000	1651	100	99.9	-0.3

表 5-6 实测数据的反演结果与实际持水率（实验温度：60±2℃）

编号	矿化度（mg/L）	传感器计数值	实际持水率（%）	反演持水率（%）	绝对误差（%）	编号	矿化度（mg/L）	传感器计数值	实际持水率（%）	反演持水率（%）	绝对误差（%）
23	6000	905	50	48.5	-1.5	34	30000	905	50	45.5	-4.5
24	6000	954	55	57.1	2.1	35	30000	958	55	53.4	-1.6
25	6000	969	60	60.8	0.8	36	30000	979	60	58.7	-1.3
26	6000	974	65	62.1	-2.9	37	30000	985	65	60.3	-4.7
27	6000	1018	70	74.5	4.5	38	30000	1005	70	65.7	-4.3
28	6000	1026	75	76.7	1.7	39	30000	1033	75	72.5	-2.5
29	6000	1037	80	79.5	0.5	40	30000	1044	80	75.8	-4.2
30	6000	1074	85	87.4	2.4	41	30000	1129	85	85.4	0.4
31	6000	1086	90	89.3	-0.7	42	30000	1157	90	87.2	-2.8
32	6000	1183	95	97.1	2.1	43	30000	1356	95	95.1	0.1
33	6000	1546	100	99.9	-0.1	44	30000	1607	100	99.7	-0.3

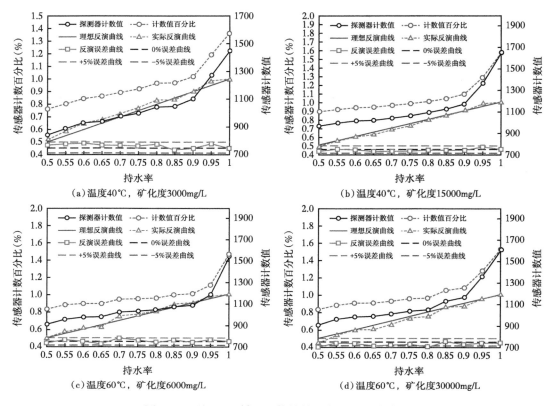

图 5-17　基于 BP 神经网络的持水率校正反演结果

　　如图 5-17 所示，传感器计数值与持水率是不同的量纲，若直接采用式（5-2）对其进行归一化处理，得到计数百分比曲线，如图中带圆圈虚线所示。显然，归一化后的值并不能反映当前真实的持水率。结合温度、矿化度和当前传感器计数值，经过 BP 神经网络反演之后的持水率用带三角形虚线表示，它与理想反演曲线基本重合，二者之间的差值用带方块虚线表示。测试结果表明：所有反演持水率与实际持水率之间的误差落入在 ±5% 区间内，这不仅说明建立的模型有效，能够从当前传感器的计数值、温度和矿化度数据中提取到相对正确的持水率信息，而且证明模型在不同持水率和矿化度条件下具有良好的泛化能力，达到了实际测量系统的指标要求。

5.6　小结

　　油水两相流的介电常数和电导率随环境温度和矿化度的变化而变化，反映了流体的固有物理属性，但却导致了传输线信号相移法测量油水两相持水率仪器在实际应用的工程难题。本章分析研究了温度和矿化度对持水率相移检测结果的影响，从信号处理的角度出发，针对不同温度、矿化度环境条件下仪器检测结果的校正与反演问题进行了理论分析与实验研究。主要结论如下：

（1）通过实验的方法分析温度、矿化度通过对油水混合介质两个基本电学参数——介电常数和电导率的影响，进而影响持水率检测结果的基本规律，即当持水率在30%以下时，温度和矿化度的变化对测量结果的影响很小；当持水率大于30%时，温度的减小和矿化度的增加都会导致测量结果的增大。

（2）通过数值模拟的方法，进一步分析了矿化度对特定传输线上信号相移的影响，其结果与实验结果基本一致，从而表明对仪器检测结果进行温度和矿化度校正补偿和数据反演的必要性。

（3）提出了基于BP神经网络的温度、矿化度补偿校正和数据反演的模型，通过实际数据的实验结果表明：该方法简单易行，能很好地消除温度和矿化度的变化对检测结果的影响，并将检测的相移反演为实际的持水率，为仪器的工程应用提供了可行、有效的解决方案。

6 基于传输线信号相移的阵列
持水率检测仪器系统测试

根据阵列持水率检测仪器的实际工作环境，对仪器进行了动态、灵敏度和道一致性测试；在三相流标定装置中进行了仪器油水两相流整机性能试验，并对测量的数据进行处理、分析和对比；最后到油田进行了现场实井测井。

6.1 仪器灵敏度与检测通道一致性测试

6.1.1 仪器动态、灵敏度测试

6.1.1.1 实验目的

仪器的动态指仪器在测量全油介质到测量全水介质时相移计数的变化范围。仪器动态测试是为了了解仪器测量全油到全水介质持水率值变化的范围。仪器的灵敏度指在稳态工作情况下输出量变化 Δy 对输入量变化 Δx 的比值，它是输出—输入特性曲线的斜率。对于阵列传输线相移持水率检测仪器而言，灵敏度具体指被测流体持水率变化 1% 时，仪器相移变化的计数值，其单位为计数单位（1%）。仪器灵敏度测试是要了解仪器分辨最小持水率变化的能力。

6.1.1.2 实验方法

利用持水率从 0%~100%、以 5% 为间隔单位的油水两相流流体样品 21 份和持水率从 90%~100%、以 1% 为间隔单位的油水两相流流体样品 11 份作为测试样品。依次将样品倒入容器中，并乳化。随机选取两支共面微带传输线传感器，将其浸没在混合流体中，输入端与输出端连接到仪器，记录传感器在不同持水率油水两相流样品中产生的相移值。实验环境和流体样品的温度保持在 25℃ 左右。

6.1.1.3 实验结果

测试结果如表 6-1 和图 6-1 所示。

表 6-1 仪器动态、灵敏度测试数据列表

样品持水率（%）	0	5	10	15	20	25	30	35	40	45	50
传感器 A	229	247	255	261	272	287	309	483	581	618	648
传感器 B	230	246	256	264	272	294	307	543	610	678	698

续表

样品持水率（%）	50	55	60	65	70	75	80	85	90	95	100
传感器 A	648	715	820	827	857	865	887	895	921	955	977
传感器 B	698	745	782	834	864	872	884	894	913	946	976
样品持水率（%）	90	91	92	93	94	95	96	97	98	99	100
传感器 A	921	923	926	936	940	952	958	962	965	969	977
传感器 B	913	915	919	930	934	944	947	951	959	966	976

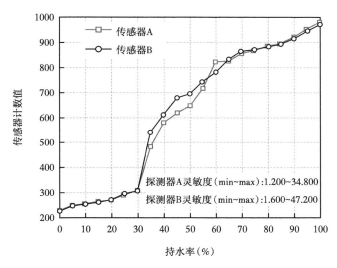

（a）持水率0~100%，间隔5%测试曲线

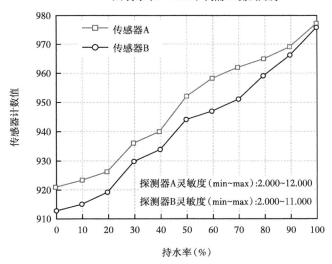

（b）持水率90%~100%，间隔1%测试曲线

图 6-1　仪器的动态、灵敏度测试结果

6.1.1.4 结果分析与结论

实验结果表明：（1）两支 CPW 传感器从全油到全水的动态分别为 747 个计数单位和 746 个计数单位。考虑传感器的差异性，仪器的动态大于 740 个计数单位，仪器对相移计数的最大范围为 2000 个计数单位（差频信号的周期 50μs/ 计数时钟的周期 25ns）。（2）在从油到水的全程段，CPW 传感器的计数值（相移的数字化结果）随持水率单调递增：在持水率 0~30% 及 80%~100% 的范围内，二者具有较好的线性关系，仪器能够反映持水率变化差异，全程段灵敏度达到 ±2.5%。（3）在 90%~100% 的高持水率段，两支传感器仍保持相对一致的灵敏度，且数值上超过 2 个计数单位 /（1%），这表明在高持水率条件下，仪器同样能够反映持水率 ±2.5% 的变化，完全满足工程实际需求。

6.1.2 仪器通道一致性测试

6.1.2.1 实验目的

仪器有 12 路检测通道。通道一致性指当 12 路传感器短接时各通道相移延时的差异性。由于在实际测井时，这种差异会引入测量误差，因此希望这种差异越小越好。仪器通道一致性测试是要了该仪器 12 路通道的延时差异是否控制在预定的范围。

6.1.2.2 实验方法

为了测试各检测通道的一致性，用 12 根同一种规格的同轴射频连接线代替真实的传感器，记录室温条件下各通道的计数值。

6.1.2.3 实验结果

测试结果见表 6-2。

表 6-2　仪器各检测通道一致性测试（实验温度：15℃）

通道号	1	2	3	4	5	6	7	8	9	10	11	12
计数值	131	131	129	130	127	128	130	130	138	129	141	137

6.1.2.4 结果分析与结论

为了评判检测通道的一致性，引入离散系数 CV（coefficient of variation）来对实验结果进行统计分析。离散系数又称变异系数，主要用于衡量各观测值的离散程度。考察 n 路检测通道的一致性，在传感器被相同规格的传输线旁路的情况下，设仪器各检测通道的计数值为 x_1, x_2, x_3, $\cdots$, x_n，其平均值记为 $\overline{x_{ch}}$，原传感器的计数动态为 x_{range}，标准差记为 σ_{ch}，离散系数记为 CV_{ch}，则：

$$\overline{x_{ch}} = \frac{1}{n}\sum_{k=1}^{n} x_k \tag{6-1}$$

$$\sigma_{ch} = \sqrt{\sum_{k=1}^{n} \left(x_k - \overline{x_{ch}}\right)^2 \bigg/ n} \qquad (6-2)$$

$$CV_{ch} = \frac{\sigma_{ch}}{x_{range}} \qquad (6-3)$$

将表6-2中的测试数据代入式（6-3）中，取传感器的计数动态 x_{range} 为740个计数单位，可得到室温条件下检测通道的离散系数 $CV_{ch}=0.006$，由此可见，检测通道之间的一致性较好。检测通道间的微小差异可能来自以下几方面原因：

（1）在设计印制电路板（PCB）的过程中，各检测通道在 PCB 上的走线长度和路径不完全一致。由于高频信号的"长线效应"，其对应的分布参数是不同的，因此，高频信号在不同线路上产生的相位延时也是不一样的。

（2）测试用射频同轴电缆与检测电路板之间是通过射频连接器来连接的，各通道间射频同轴电缆长度的差异和射频连接器焊接处的微小电阻的区别也会引起信号传输特性不尽相同，进而导致检测通道一致性变差。

6.2　仪器整机测试

为了测试阵列传输线相移持水率检测仪器的整机性能，选择在油气水三相流实验装置上进行试验。改变油井的倾角、流体的含水率和流量，观测仪器的响应，从而对仪器的性能进行评价。

6.2.1　实验装置

试验在长江大学教育部三相流动态实验室内进行，所配备的油气水三相流实验装置功能比较完备，不仅可以通过调节井斜，获得垂直流、水平流、0~90° 内任意角度的上下坡流等不同流态，而且还可以通过改变油水配比流量，模拟不同持水率和流量的井下环境。实验装置的整体结构如图 6-2 所示。

系统主要由三相流供给系统、流量调节装置、控制系统和模拟井筒四部分组成。三相流供给系统提供经过分离之后的油、气、水三种纯净介质，流量调节装置是由流量计和气动调节阀构成测控系统，三种介质的流量可以由控制系统设定调节阀的开度而改变，从而配比出不同含水率和不同流量的流动工况。模拟井筒由长度约 12m、直径分别为 5.5in 和 7in 的有机玻璃管构成。两个井筒的顶端彼此联通，构成流体回路；井筒的底部装有手动球阀、快关阀和旋转轴。其中，手动球阀能够改变井筒内流体的方向，以获得上坡流或下坡流；快关阀则可以瞬时关井，测量井筒内的瞬时持率；由于旋转轴的存在，可以在控制系统和液压装置的作用下获得 0~90° 井斜。

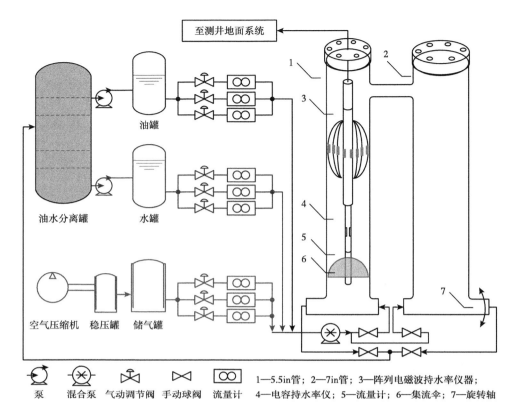

1—5.5in管；2—7in管；3—阵列电磁波持水率仪器；
4—电容持水率仪；5—流量计；6—集流伞；7—旋转轴

泵　混合泵　气动调节阀　手动球阀　流量计

图 6-2　长江大学油气水三相流实验装置

6.2.2　水平井测试

6.2.2.1　实验目的

测试阵列传输线相移持水率检测仪器在水平井中的响应特性，评价水平井条件下仪器的工作状况与测量精确度。

6.2.2.2　实验方法

（1）实验相关参数。

①流体相态：油水两相，其中油为 10 号工业白油，密度 0.856g/cm³，黏度 9~11mPa·s；水为自来水，密度 1g/cm³，黏度 1.2mPa·s；②井斜：90°（水平井）；③流量：30m³/d、20m³/d、10m³/d；④含水率：80%、60%、40%、20%；⑤实验用井筒规格：外径 140mm（5.5in），内径 120mm（4.7in）。

（2）实验要求。

①由于仪器中每个传感器的响应值略有差异，在实验前应将仪器分别在油和水中进行刻度标定。②测试在油水两相流达到流动平衡状态后开始。

（3）井筒实际持水率计算方法。

为了获得井筒的实际的持水率，以便与仪器测量结果进行对比，使用数码相机拍摄当前传感器的位置和井筒油水分布情况，记录油水分界面的高度。设在传感器阵列面所在的井筒截面上油水分界面的高度为 h，井筒的内半径为 r，根据几何原理，分界面以下的水所形成的弓形面积与整个圆形面积的比例即为井筒中的实际持水率 Y_{real}，可以表示为

$$Y_{real} = \frac{\arccos\left[(r-h)/r\right]r^2 - (r-h)\sqrt{2rh-h^2}}{\pi r^2} \tag{6-4}$$

（4）基于仪器测量结果反演井筒截面持水率的算法。

井筒中总的持水率 Y_{all} 是横截面上 12 个局部传感器的持水率综合之后的结果，计算公式为

$$Y_{all} = \sum_{i=1}^{12} w_i Y_i \tag{6-5}$$

式中　w_i——i 号传感器的权重系数；

　　　Y_i——i 号传感器的持水率。

目前已有的方法中，确定 Y_i 通常要进行传感器的标定和归一化（前文已经讨论）；确定 w_i 则需要考虑井斜的大小，通常认为等权重法适合于垂直井，而方位权重法适合于水平井。等权重法，即认为每个传感器的地位是一样的，权重系数相等。因此，单支传感器的权重系数为 1/12，即 $w_i=0.083$。相对于等权重法，方位权重法是根据传感器所处的井筒截面所对应的方位来决定传感器的权重。

为了描述的方便，假设仪器在水平井中，并处于理想水平姿态时，传感器的初始分布状态如图 6-3（a）所示，如果仪器水平角度保持不变，沿着径向逆时针旋转 15°，则传感器位置如图 6-3（b）所示，若继续逆时针旋转 15°，传感器位置如图 6-3（c）所示，与图 6-3（a）相比较，表现为位置排列相邻的传感器位置的更换。

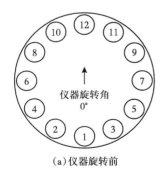
（a）仪器旋转前

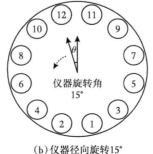
（b）仪器径向旋转15°

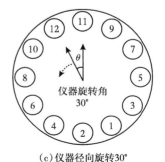
（c）仪器径向旋转30°

图 6-3　传感器在井筒中的方位示意图

对于图6-3（a）所示的分布，各传感器的权重如图6-4中菱形曲线所示；而对于图6-3（b）所示的分布，各传感器的权重如图6-4中矩形曲线所示；平均持水率思想的权重如图6-4中三角形曲线所示。

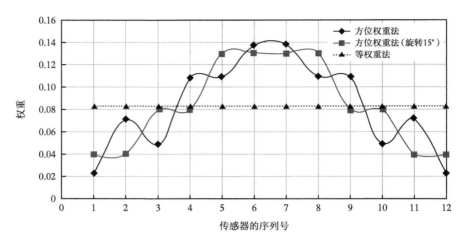

图 6-4　基于传感器方位确定权重的示意图

6.2.2.3　实验结果

图 6-5 给出了流量为 30m³/d，含水率为 80%、60%、40% 和 20% 的井筒中的油水分布图，图中给出了当前井况下油水分界面的高度及根据分界面高度代入式（6-4）计算得到的实际持水率。

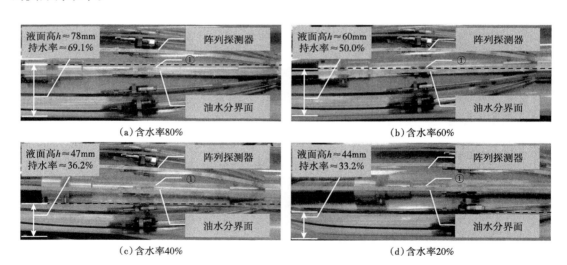

图 6-5　水平井筒中实际油水分布图（井斜 90°，流量 30m³/d）

为了直观地反映各传感器所测量的持水率的大小，以伪彩色显示每一路传感器检测归一化处理后的相移，即设计一个从深棕色到纯白色渐变的调色板，对应 0%~100% 范围的持水率变化，其中深棕色表示持水率为 0% 的原油，纯白色表示持水率为 100% 的纯水，建立起从持水率到伪彩色图像的映射表。当持水率发生变化时，对应通道的图像的颜色相应变化。

图 6-6 至图 6-8 分别给出了仪器在流量为 30m³/d、20m³/d 和 10m³/d，含水率分别为 80%、60%、40% 和 20% 的井况下的实际测试结果，并标出传感器阵列的方位，其中 Y 向角度反映由阵列传感器面的中心原点指向 12 号传感器的径向相对于重力方向的夹角。

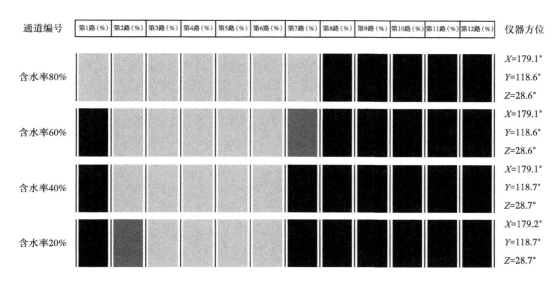

图 6-6　阵列持水率检测仪器测量值（水平井，井斜 90°，流量 30m³/d）

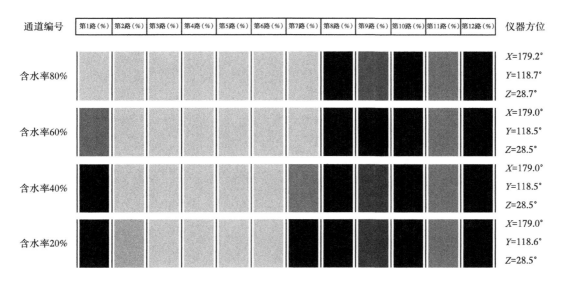

图 6-7　阵列持水率检测仪器测量值（水平井，井斜 90°，流量 20m³/d）

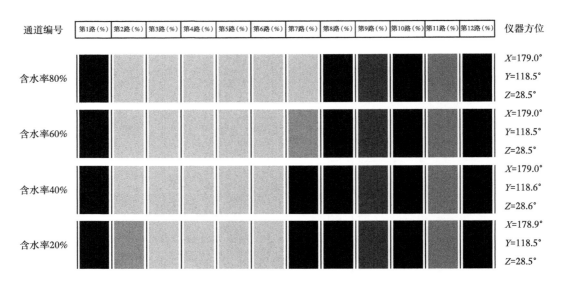

图 6-8　阵列持水率检测仪器测量值（水平井，井斜 90°，流量 10m³/d）

6.2.2.4　结果分析与结论

（1）由检测数据构建油水分布：Y 向角度分量约为 118°，表明传感器阵列面（12 号传感器的径向）相对于重力方向旋转 118°，或者相对于重力的反方向偏转了 61.3°~61.4°（图中的 θ 角），所以 10 号传感器位于仪器的正上方偏右 1.3° 左右的位置。根据试验所测数据，结合方位指示，可以得到井筒中的油水分布示意图，如图 6-9 至图 6-11 所示。

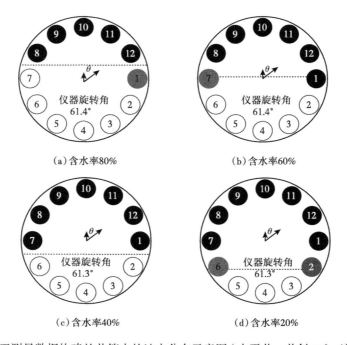

图 6-9　基于测量数据构建的井筒中的油水分布示意图（水平井，井斜 90°，流量 30m³/d）

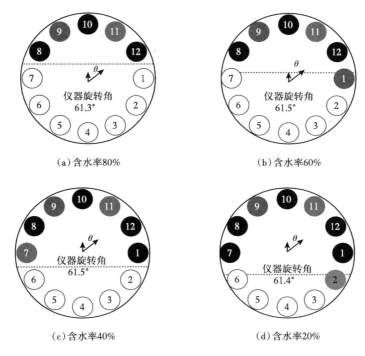

（a）含水率80%　　　　　　　　（b）含水率60%

（c）含水率40%　　　　　　　　（d）含水率20%

图 6-10　基于测量数据构建的井筒中的油水分布示意图（水平井，井斜 90°，流量 20m³/d）

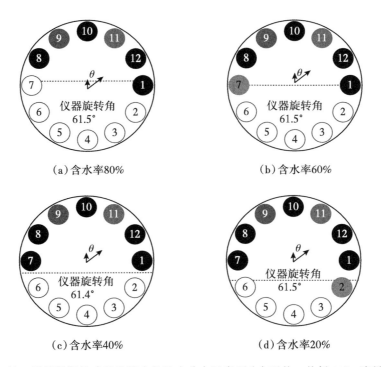

（a）含水率80%　　　　　　　　（b）含水率60%

（c）含水率40%　　　　　　　　（d）含水率20%

图 6-11　基于测量数据构建的井筒中的油水分布示意图（水平井，井斜 90°，流量 10m³/d）

（2）由检测的数据估计井筒总持水率：根据当前井况下单支传感器所对应的持水率和当前传感器的方位信息，采用图6-4中的菱形曲线所示权重值（应注意实际传感器排列规律与图6-4中奇偶对称分布略有不同），通过式（6-5）可计算出仪器测量的持水率。为了便于对比，采用式（6-4）计算出井筒实际持水率。仪器测量的持水率与井筒实际持水率之差即为仪器在当前井况下的测量误差，计算结果见表6-3。

表6-3　仪器在水平井中的测试数据和持水率计算结果

编号	井况		阵列持水率传感器的响应值（1~12 道）						测量持水率（由方位权重法计算得到）（%）	实际持水率（由液面高度计算得到）（%）	二者误差（%）
	流量（m³/d）	含水率（%）									
1	30	80	970	981	963	970	951	965	65.5	69.1	-3.6
			973	309	291	171	196	271			
2		60	261	971	958	970	951	964	49.1	50.0	-0.9
			833	296	288	171	197	258			
3		40	249	971	958	970	951	965	37.6	36.2	1.4
			174	301	289	171	197	255			
4		20	234	810	950	969	951	921	34.1	33.2	0.9
			169	298	289	172	198	252			
5	20	80	975	987	977	981	966	975	70.7	68.5	2.2
			967	312	443	197	555	331			
6		60	426	958	965	979	964	957	57.9	57.6	0.3
			935	309	378	201	541	284			
7		40	346	959	965	980	964	958	49.5	50.6	-1.1
			552	314	406	201	539	281			
8		20	311	927	964	979	964	958	42.2	38.6	3.6
			202	313	406	206	535	276			
9	10	80	273	963	965	980	963	957	55.0	58.2	-3.2
			950	299	402	206	528	262			
10		60	283	964	965	980	964	958	53.3	54.4	-1.1
			848	298	401	205	528	264			
11		40	286	963	965	980	964	959	42.0	44.9	-2.9
			200	309	402	206	530	267			
12		20	300	929	964	979	964	959	41.9	44.2	-2.3
			205	312	403	208	533	273			

（3）结论。表6-3的计算结果表明：第一，阵列持水率检测仪器能够在水平井中正常工作，基于测量数据构建的井筒中的油水分布与实际分布基本一致，能够清楚地反映油水两相分界面的位置；第二、基于检测采用方位权重法所计算的持水率与实际持水率较接近，最大误差为 ±3.6%，优于 ±5% 的设计指标。

6.3　油田现场试验

在实验模型井试验成功的基础上，仪器在长庆油田庆阳区块某生产井内进行了现场实验。采油厂提供的原始资料表明，该生产井的含水率高达98%，图6-12给出了仪器的部分测试曲线，第1道4条曲线分别代表自然伽马（GR）、流量（FLOW）、套管接箍（CCL）、温度信息（TEMP），第2道为仪器在井筒中的深度信息（仪器处于上测或下测状态，深度驱动）或时间信息（仪器处于点测状态，时间驱动）；第3道、第4道的12条曲线代表12支传感器在井筒中的持水率响应值（MYD1—MYD12）。测井资料经中国石油集团测井有限公司生产测井中心综合处理解释，给出了如下结论：（1）阵列持水率检测仪器在长庆油田X井内上测2次，下测1次，点测2次，测井过程顺利，仪器具有良好的稳定性；（2）测井曲线表明，仪器对井下油泡反应迅速，具有较强的识别能力；（3）结合该井的矿化度对测井数据进行校正，解释结果为该井含水率为98%，与采油厂提供的井况资料完全吻合。

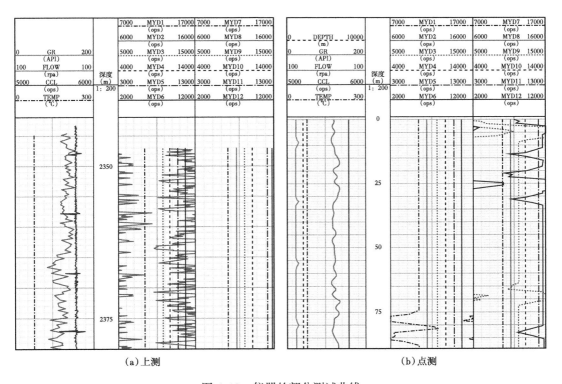

（a）上测　　　　　　　　　　　　　　（b）点测

图 6-12　仪器的部分测试曲线

6.4 小结

本章进行了仪器基本性能（动态、灵敏度特性和一致性）测试、仪器在三相流装置中的整机实验和现场试验。经过对实验和试验数据的分析对比，主要结论如下。

（1）实验样本的测试结果表明：仪器的记录动态约为 740 个计数单位，持水率分辨率达 3% 的变化差异，反映通道一致性的道间最大偏差小于 1%，达到了仪器设计指标的要求。

（2）在三相流实验室实验表明：无论是在水平井中，还是在垂直井中，通过仪器检测的数据估计的持水率与井筒的实际持水率基本一致。

（3）仪器油田实井实验结果表明：仪器在井下工作正常，性能稳定，实测结果与采油厂提供的结果吻合。

7 阵列成像测井资料处理
方法及解释软件

本章讨论水平井典型流型的特征，开展了五种流型条件下探头的正演研究，开发了阵列电磁波持水率成像处理软件，实现了井筒介质分布的二维、三维成像。

7.1 水平井流型特征

在大斜度井或水平井中重力对井内流体的影响不可忽略，其根本原因是多相流中各相密度不同。在重力的影响下导致井内多相流体产生相态分异，加之流速、井斜等因素使水平井中多相流体的流动现象较为复杂。美国 Tulsa 大学的 H D Beggs 对水平井中的流型进行了分析，把流型分为三种流动：分相流、间断流和均布流，如图 7-1 所示。分相流包括层状流、波状流和环状流，间断流包括段塞流和段状流，均布流包括泡状流和雾状流。从流型来看，雾状流动情况下，介质分布均匀，无方向上的差异，分相流、部分均布流情况下介质在水平方向差异小，垂直方向差异很大，而间段流在水平和垂直方向上均有较大差异。

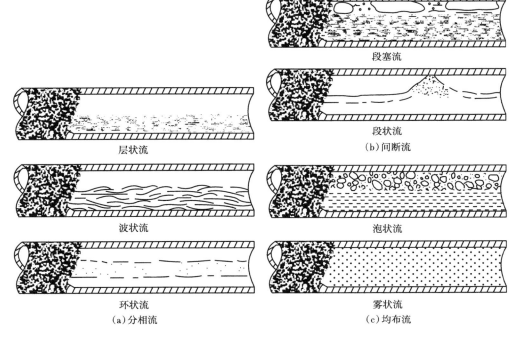

图 7-1   水平井流型图

　　阵列持水率测井被称为流动成像测井的原因是因为根据阵列探头测井信息可以插值得到整个流管三维网格数据，最终得到反应流体流动的三维立体图、流管截面和流动方向剖面二维图。如何根据空间已知点的物理参数预测区域内物理参数的分布是很多领域均遇到的物理数学难题。加之实际水平油气井中的流型十分复杂，也提高了成像难度。

7.2　正演效果

　　为了研究不同成像算法所适用的流型，依据水平井各流型的主要特点与阵列仪器结构，假定水平井气液两相流下各探头的响应值，进行正演研究。将流型分为平滑层流、波状层流、间断流、环状流和雾状流五种，并考虑平滑层流高低含水两种情况，其流体分布与探头关系示意图如图 7-2 所示。

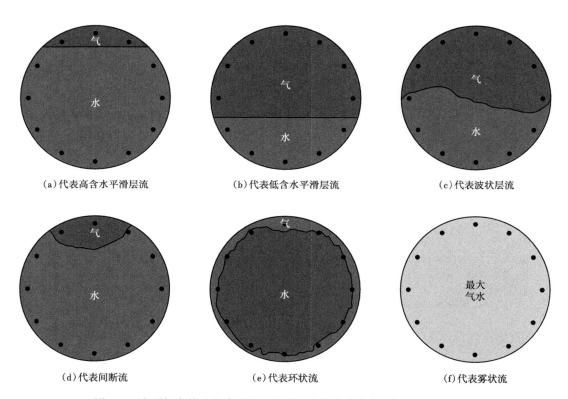

　　(a)代表高含水平滑层流　　　　　　(b)代表低含水平滑层流　　　　　　(c)代表波状层流

　　(d)代表间断流　　　　　　(e)代表环状流　　　　　　(f)代表雾状流

图 7-2　水平气水井几种典型流型情况下流体介质分布与探头关系示意图

　　根据上述流型假定的持水率数据见表 7-1，依据表中各流型下各探头的响应值，采用不同的成像算法进行成像处理，即可分析各算法的处理效果。

　　图 7-3 为各算法的处理效果，其中 1、2、3、4、5 列依次代表分段线性插值成像法、高斯径向基函数成像法、克里金成像法、多元线性回归成像法、距离平方反比成像法。

表 7-1　水平气水井几种典型流型阵列探头处持水率

探头	1	2	3	4	5	6	7	8	9	10	11	12
A	0.2	0.4	0.9	1.0	1.0	1.0	1.0	1.0	1.0	1.0	0.9	0.4
B	0.2	0.2	0.25	0.25	0.8	1.0	1.0	1.0	0.8	0.25	0.25	0.2
C	0.08	0.1	0.15	0.65	0.95	1.0	1.0	1.0	0.95	0.95	0.15	0.1
D	0.1	0.4	0.9	1.0	1.0	1.0	1.0	1.0	1.0	0.95	0.4	0.2
E	0.95	0.9	0.9	0.9	1.0	0.9	0.6	0.85	0.65	0.95	1.0	1.0
F	0.69	0.66	0.65	0.65	0.66	0.67	0.68	0.65	0.67	0.65	0.68	0.69

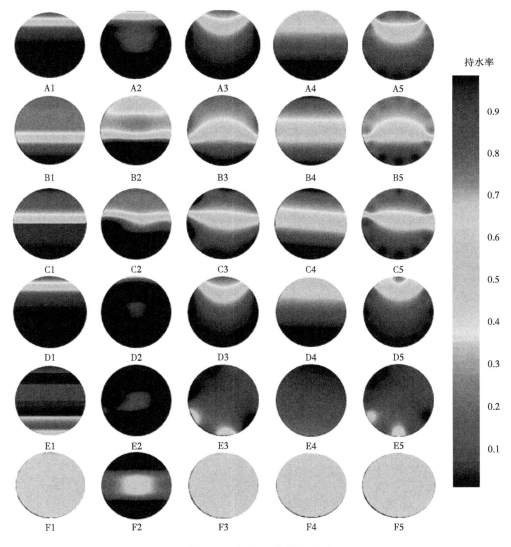

图 7-3　各算法成像效果图

根据图 7-3 中成像效果可以得出以下结论：

（1）平滑层流持率分布垂向上变化较大，在水平方向上变化很小，分段线性插值成像法没有考虑水平方向上的变化，利用探头之间的位置关系进行插值处理，较符合平滑层流的特点，结合高低含水的成像图也可以看出分层插值和实际流型最为接近。

（2）波状层流由于气流量的增大而使层界面出现波动，造成持率的分布不只在垂向上变化，在水平方向上也有一定变化。高斯径向基函数成像法通过引入 m、n 两个控制系数可以有效地调节各探头在垂向与水平方向上的权重分布，从而使权重的大小受方向影响，从成像效果来看，可以较好地反映出波状层流层界面的主要特点。

（3）间断流的主要特征是在流管顶部形成段塞，克里金成像法通过引入变差函数可以定量的表述这种空间的变异性，通过其自身的结构和参数可以从不同的角度反映出空间的变异性结构，可以对空间变量的连续性、相关性、变量的影响范围、各向异性等进行描述。结合成像效果图也可以看出，克里金成像法能够较好反映出间断流的顶部段塞。

（4）环状流的主要特征是流管中心部位为轻质相气、四周为重质相水。从成像效果来看，各算法均不理想。其原因主要是阵列持率探头呈单环分布，不能真实反映环状流的内外环的差异；

（5）雾状流的主要特点是介质高度均匀混合，各点持率值较为接近。多元线性回归成像法依据已知测点的位置与持率值拟合出一个二元函数，根据拟合出的函数来估计未知点属性值。结合成像效果图也可以看出，该方法成像效果符合雾状流流型特点。

7.3 软件研制

7.3.1 总体设计思想

软件设计中，笔者课题组充分考虑了直井产出剖面测井和水平井产出剖面测井资料处理与解释的异同点，考虑了水平井阵列测井不同厂家的仪器结构特点，力争软件能处理所有产出剖面测井系列资料。

7.3.2 软件运行界面

软件运行界面如图 7-4 所示。

7.3.3 阵列持率资料处理模块设计与开发

该模块逐点计算阵列电磁波持率测井仪各阵列探头所在位置持水率（AYW1—AYW12）。设计中考虑到测井资料记录值的物理意义及其在各种流体相态井中的识别流体相态能力的差异。该模块处理界面如图 7-5 所示。

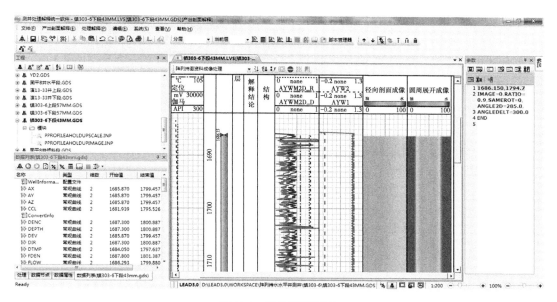

图 7-4　软件运行界面

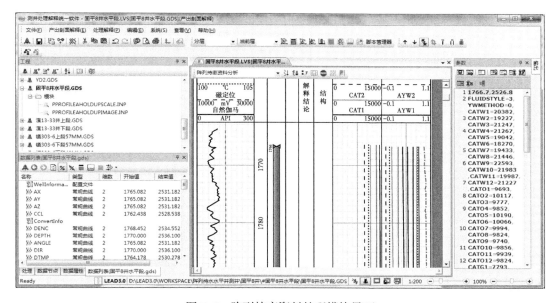

图 7-5　阵列持率资料处理模块界面

7.3.4　阵列持率资料截面成像显示

软件提供了持率资料成像处理后截面成像图显示功能，如图 7-6 所示。

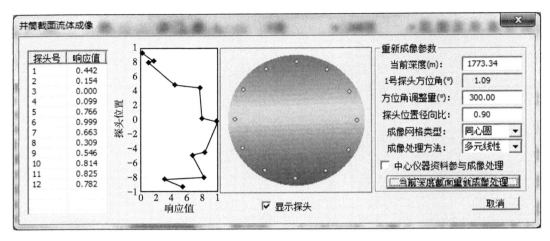

图 7-6　阵列持率资料截面成像界面

7.4　实测资料处理

　　莲一井分别在 2018 年 9 月和 2018 年 11 月采用阵列电磁波持水率测井仪测量，其探头的刻度值见表 7-2，两次测井井段大致相同。

表 7-2　阵列电磁波持水率测井仪刻度值

介质	1号探头	2号探头	3号探头	4号探头	5号探头	6号探头	7号探头	8号探头	9号探头	10号探头	11号探头	12号探头
空气	7793	8217	7877	7952	8290	8166	8094	7924	7840	7956	8039	7924
油	9693	10117	9777	9852	10190	10066	9994	9824	9740	9856	9939	9824
水	20382	19227	21247	21267	19042	18270	19433	21446	22593	21983	19987	21227

　　根据阵列电磁波持水率测井仪记录的数据，该井测井资料成像处理结果分别如图 7-7 和图 7-8 所示。2018 年 9 月，在莲一井 717m 以浅为单相油，下部为油水两相层流。2018 年 11 月，在莲一井 726m 以浅为单相油，下部为油水两相层流。与 2018 年 9 月相比，该井与 2018 年 11 月的油水界面深度更深，下部油水两相介质中油水分层流动更明显。

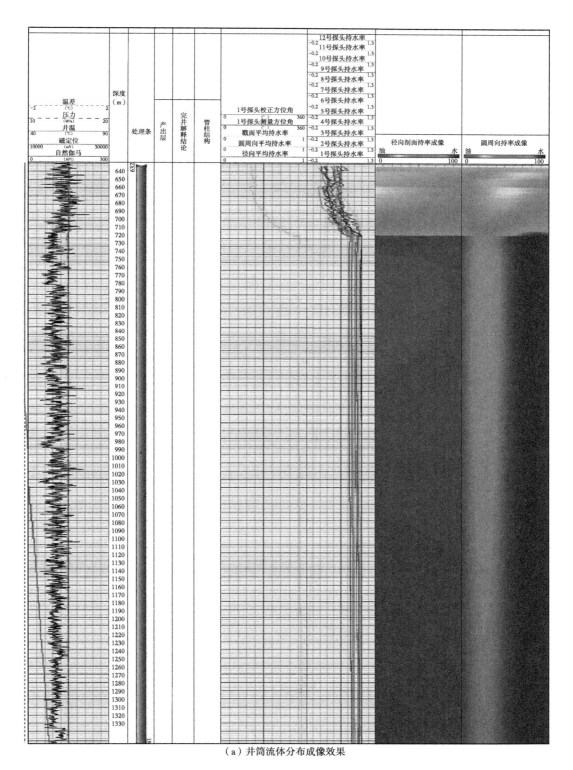

（a）井筒流体分布成像效果

图 7-7　莲一井 2018 年 9 月阵列电磁波持水率测井仪成像图

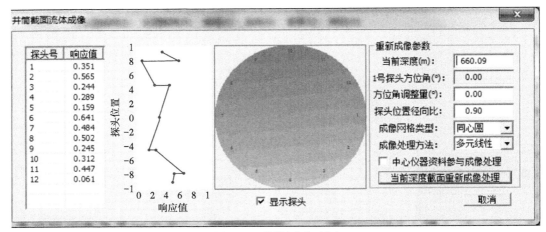

（b）660.09m井筒流体截面分布

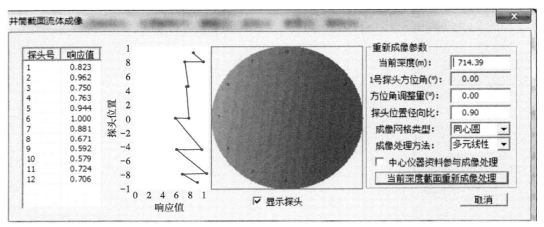

（c）714.39m井筒流体截面分布

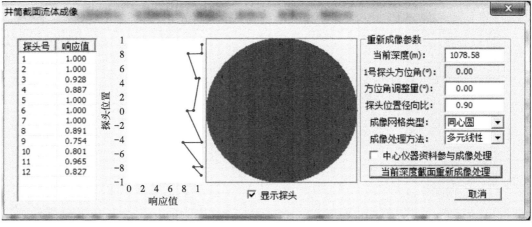

（d）1078.58m井筒流体截面分布

图 7-7　莲一井 2018 年 9 月阵列电磁波持水率测井仪成像图（续）

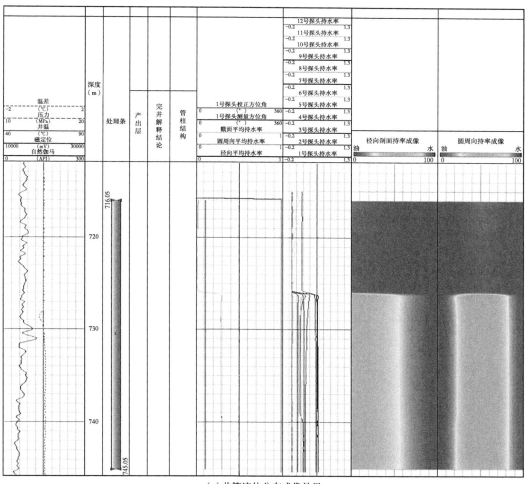

（a）井筒流体分布成像效果

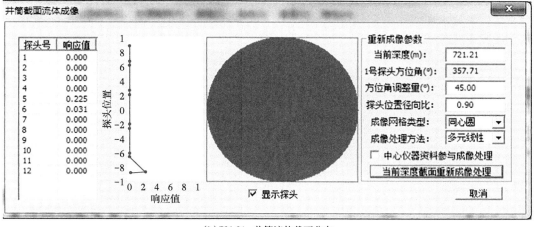

（b）721.21m井筒流体截面分布

图 7-8 莲一井 2018 年 11 月阵列电磁波持水率测井仪成像图

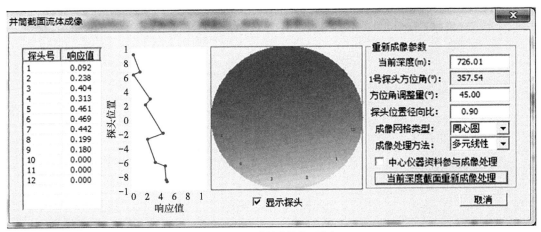

（c）726.01m井筒流体截面分布

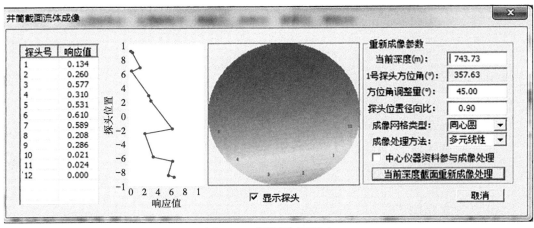

（d）743.73m井筒流体截面分布

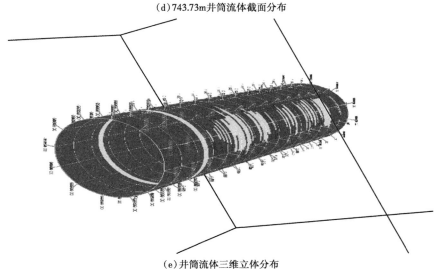

（e）井筒流体三维立体分布

图 7-8　莲一井 2018 年 11 月阵列电磁波持水率测井仪成像图（续）

7.5   小结

本章探讨了各种流型情况下插值成像处理方法，分别假定了平滑层流、波状层流、间断流、环状流、雾状流下阵列持率计 12 个探头的持率，分别采用多种方法进行成像处理，旨在分析各种插值成像方法在各种流型情况下的适应性，为水平油气井生产测井、阵列测井资料的处理提供参考。

参 考 文 献

范宋杰，魏勇，余厚全，等，2021.阵列恒温差热式流量计的设计与开发 [J].科学技术与工程，21（18）：7513-7518.

郭海敏，戴家才，陈科贵，2007.生产测井原理与资料解释 [M].北京：石油工业出版社.

何波，魏勇，余厚全，等，2020.谐振式音叉密度测井方法与检测电路设计 [J].仪表技术与传感器（5）：119-123.

金宁德，任卫凯，陈选，等，2020.油—气—水三相流超声传感器持气率测量 [J].应用声学，39（1）：36-44.

孔令富，李雷，孔维航，等，2015.石油生产水平及大斜度井测井技术综述 [J].燕山大学学报，39（1）：1-8.

孔维航，2017.低产液水平井流动参数测量方法及信息处理研究 [D].秦皇岛：燕山大学.

刘军锋，许亚重，吴沁轩，2018.电容和电阻环形阵列探头的持率流动成像分析 [J].地球物理学进展，33（5）：2141-2147.

马舜祺，刘兴斌，荣远宏，等，2019.一种基于CAV424的电容含水率测量系统设计 [J].石油管材与仪器，5（2）：72-75.

王进旗，强锡富，张勇奎，2002.同轴线式相位法测量油井含水率 [J].仪器仪表学报，23（1）：74-76.

王路平，魏勇，汪玉祥，等，2021.井下动液面声波信号处理方法研究 [J].电子测量技术，44（22）：87-95.

史航宇，宋红伟，郭海敏，等，2021.低产水平井油水两相阵列持水率仪数据处理方法比较 [J].中国科技论文，16（1）：12-19.

宋红伟，郭海敏，郭帅，等，2020.水平井油水两相分层流分相流量测量方法 [J].石油勘探与开发，47（3）：573-582.

魏勇，余厚全，陈强，等，2012.电磁波持水率传感器的研究与实验 [J].传感器与微系统，31（10）：27-30.

魏勇，余厚全，汤天知，等，2013.电磁波持水率探测器的试验研究 [J].石油天然气学报，35（1）：104-109，176.

魏勇，余厚全，鲁保平，等，2014.基于微带传输线阵列式原油持水率探测器设计 [J].测井技术，38（5）：596-600.

魏勇，余厚全，鲁保平，等，2015.矿化度对电磁波相移法测量原油持水率的影响与校正研究 [J].长江大学学报（自然科学版），12（7）：30-33，4.

魏勇，余厚全，戴家才，等，2017.基于CPW的油水两相流持水率检测方法研究 [J].仪器仪表学报，38（6）：1506-1515.

96

谢韦峰，陈猛，刘向君，等，2021. 温度和矿化度对电磁波持水率计响应的影响与校正 [J]. 工程地球物理学报，18（2）：229-236.

余厚全，魏勇，汤天知，等，2012. 基于同轴传输线电磁波检测油水介质介电常数的理论分析 [J]. 测井技术，36（4）：361-364.

翟路生，张宏鑫，鄢聪，等，2019. 基于界面形态修正的油水层状流模型研究 [J]. 工程热物理学报，40（2）：357-362.

张海博，郭海敏，戴家才，等，2008. 电容阵列仪在大斜度井中的实验研究 [J]. 测井技术，32（4）：304-306.

张阔，吴锡令，闫景富，等，2016. 油井多相流动电磁全息测量数据处理 [J]. 科学技术与工程，16（26）：189-194.

张夷非，魏勇，余厚全，等，2021. 恒温差热式流量计影响因素模拟与试验研究 [J]. 石油钻探技术，49（2）：121-126.

Beggs H D，Robinson J R，1975. Estimating the Viscosity of Crude Oil system [J]. Journal of Petroleum Technology，27（9）：1140-1141.

Chen E L，Chou S Y，1997. Characteristics of Coplanar Transmission Lines on Multilayer Substrates:Modeling an d Experiments [J].IEEE trnsactions on microwave theory and techniques，45（6）：939-945.

Cui S，Liu J，Li K，et al，2021. Data Analysis of Two-Phase Flow Simulation Experiment of Array Optical Fiber and Array Resistance Probe [J]. Coatings，11（11）：1420.

Dai R，Jin N，Hao Q，et al，2022. Measurement of Water Holdup in Vertical Upward Oil-Water Two-Phase Flow Pipes Using a Helical Capacitance Sensor [J]. Sensors，22（2）：690.

Guo Tao，Wei Yong，Li Ke，et al，2021.Instrument Design for Detecting the Inner Damage of Casing [J].IEEE Access，9：102264-102277.

Hecht Nielsen R，1988. Theory of the Backpropagation Neural Network [J]. Neutral Networks，1（1）：65-93.

Jin N，Liu D，Bai L，et al，2021. Measurement of Water Holdup in Oil-in-water Emulsions in Wellbores Using Microwave Resonance Sensor [J]. Applied Geophysics，18（2）：185-197.

Li Y，Yang Y，Zhang J，et al，2021. Theoretical Research on Output Response Characteristics of Vertical Longitudinal Multipole Conductance Sensor by Discrete Phase Distribution [J]. Chemistry and Technology of Fuels and Oils，57（3）：529-540.

Liu C，Bai L，Yang Q，et al，2022. An Improved Conductance Sensor with Inner-Outer Multi-Height Ring Electrodes for Measurement of Vertical Gas-Liquid Flow [J]. IEEE Sensors Journal.

Wei Y，Yu H，Chen Q，et al，2019. A Novel Conical Spiral Transmission Line Sensor-Array Water Holdup Detection Tool Achieving Full Scale and Low Error Measurement [J].Sensors（Switzerland），19（19）：0-4140.

Wei Y, Yu H, Chen Q, et al, 2019. Measurement of Water Holdup in Oil-Water Two-Phase Flows Using Coplanar Microstrip Transmission Lines Sensor[J].IEEE Sensors Journal, 19（23）: 11289-11300.

Wu H, Tan C, Dong X, et al, 2015. Design of a Conductance and Capacitance Combination Sensor for Water Holdup Measurement in Oil-water Two-phase Flow[J]. Flow measurement and instrumentation, 46: 218-229.